美好的人生

（法）安德烈·莫罗阿 著　　傅雷 译

中国书籍出版社
China Book Press

图书在版编目（CIP）数据

美好的人生/（法）安德烈·莫罗阿著；傅雷译．—北京：中国书籍出版社，2020.6

ISBN 978-7-5068-7762-6

Ⅰ．①美… Ⅱ．①安…②傅… Ⅲ．①人生哲学—通俗读物 Ⅳ．① B821-49

中国版本图书馆 CIP 数据核字（2019）第 286797 号

美好的人生

（法）安德烈·莫罗阿 著　傅雷 译

图书策划	成晓春　崔付建
责任编辑	成晓春
责任印制	孙马飞　马　芝
出版发行	中国书籍出版社
地　　址	北京市丰台区三路居路 97 号（邮编：100073）
电　　话	（010）52257143（总编室）（010）52257140（发行部）
电子邮箱	eo@chinabp.com.cn
经　　销	全国新华书店
印　　刷	三河市华东印刷有限公司
开　　本	880 毫米 ×1230 毫米　1/32
字　　数	225 千字
印　　张	9.5
版　　次	2020 年 6 月第 1 版　2020 年 6 月第 1 次印刷
书　　号	ISBN 978-7-5068-7762-6
定　　价	58.00 元

版权所有　翻印必究

编者说明

本书包含《人生五大问题》与《恋爱与牺牲》两本小书，作者为法国著名犹太作家安德烈·莫罗阿，是傅雷翻译并推荐给孩子的人生之书。《人生五大问题》是一部曾风靡世界的经典名著，改变过许多人的命运。在这部作品中，作者以小说家的独特视角、传记家敏锐的洞察力，解读每个人不得不面对的婚姻和家庭、友谊和幸福、生命和死亡、道德和艺术、经济和政治等五大问题，语言幽默、睿智，论述鞭辟入里，深入浅出。《恋爱与牺牲》包括四个真实故事：歌德写就《少年维特之烦恼》的故事、作者的某个同学交往贵妇的故事、英国著名女优西邓斯夫人及其女儿的故事、英国著名小说家爱德华·皮尔卫-李顿的爱情故事。书中的主人公，均因为一场恋爱，改变了人生的方向。这几篇故事，无不暗含着深刻的人生教训，高明的读者自会有所领悟。

时至今日，这些文字对我们思考人生、追求幸福仍然具有很强的启发意义。我们期望读者在品读这些人生良言时，可以收获健康快乐的人生秘方，用具足的智慧去建造真正幸福美好的人生。

  在编辑整理过程中,为了使读者方便阅读,我们对作品的注释重新进行了精心编排。在本书中,有三种注释,第一种原注,即译者傅雷先生对原作品的作者注释的翻译。第二种为译者注,即傅雷先生对作品的注释。原注和译者注我们完整地保留了原貌。第三种是编者注,是我们为了便于读者理解,而在编辑过程中对原著中部分重要的人、事、物等情况的注释,或对作品中出现的现在和以往译法不一致的说明。这三种注释均以①、②、③……的形式脚注于当页。其中,对于作品原注和译者注,我们在注释内容后均有标明"原注"或"译者注"。因为编者注较多,故在编者注内容后不再单独标识"编者注",凡是没有标识"编者注"的注释均属于编者注。同时,我们还对文中出现的重要人名、地名进行了中英文对照说明,提升了品质,增强了准确性和可读性。鉴于水平所限,编辑中难免有偏颇或挂漏之处,敬请专家和读者批评指正。

目录

人生五大问题

译者弁言 / 003

原　序 / 005

论婚姻 / 006

论父母与子女 / 036

论友谊 / 058

论政治机构与经济机构 / 081

论幸福 / 102

恋爱与牺牲

译者序 / 129

楔　子 / 131

少年维特之烦恼 / 136

因巴尔扎克先生之过 / 177

女优之像 / 211

邦贝依之末日 / 262

人生五大问题

译者弁言

本书论题，简单明白，译者毋须更赘一辞。论旨之中正和平，态度之无党无私，与我国固有伦理学说之暗合，洵为晚近欧美出版界中不经见之作。前三讲涵蓄夫妇父子兄弟朋友诸伦之义，第四讲论及政治经济，第五讲泛论人生终极目的，似为结论性质。全书要以明智之说（sagesse）为立论中心，故反复以不忘本能不涉空洞为戒。作者更以小说家之丰富的经验，传记家之深沉的观察，旁征博引，剖析綦详，申述古训，加以复按，尤为本书特色：是盖现世之人本主义论，亦二十世纪之道德论也。丁此风云变幻，举国惶惶之秋，若本书能使颓丧之士萌蘖若干希望，能为战斗英雄添加些少勇气，则译者所费之心力，岂止贩卖智识而已哉？

再本书原名《情操与习尚》（Sentiments et Coutumes），第四讲原题"技艺与都市"（Le Métier et la Cité），似嫌暗晦，故擅为改译今名，冀以明白晓畅之标题，益能引起读者之注意云耳。

二十四年七月译者志于上海

原　序

　　本书包括五个演讲，愚意保存其演辞性质较更自然。窃欲以最具体最简单的方式，对于若干主要问题有所阐发。人类之于配偶于家庭于国家究竟如何生活，斯为本书所欲探讨之要义。顾在研求索解时，似宜于事实上将人类在种种环境中之生活状况先加推究。孔德（Auguste Comte）尝言："理论上的明智（sagesse théorique）当与神妙的实际的明智（sagesse pratique）融会贯通。"本书即奉此旨为圭臬。

安德烈·莫罗阿

André Maurois

美好的人生

论婚姻

在此人事剧变的时代,若将人类的行动加以观察,便可感到一种苦闷无能的情操。什么事情都好似由于群众犯了一桩巨大的谬误,而这个群众却是大家都参加着的,且大家都想阻止,指引这谬误,而实际上终于莫名其妙地受着谬误的行动的影响。普遍地失业呀,灾荒呀,人权剥夺呀,公开地杀人呀,生长在前几代的人,倒似乎已经从这些古代灾祸中解放出来了。在五十年中,西方民族曾避免掉这种最可悲的灾祸。为何我们这时代又要看到混乱与强暴重新抬头呢?这悲剧的原因之一,我以为是由于近代国家把组成纤维的基本细胞破坏了之故。

在原始的共产时代以后,一切文明社会的母细胞究竟是什么呢?在经济体系中,这母细胞是耕田的人借以糊口度日的小农庄,如果没有了这亲自喂猪养牛饲鸡割麦的农人,一个国家便不能生存。美洲正是一个悲惨的例子。它有最完美的工厂,最新式的机器，结果呢？一千三百万的失业者。为什么？因为这些太复杂的机器变得几乎不可思议了。人的精神追随不上它们的动作了。

并非美国没有农人，但它的巨大无比的农庄不受主人支配。堆积如山的麦和棉，教人怎能猜得到这些山会一下子变得太高了呢？在小农家，是有数千年的经验和眼前的需要安排好的，每一群自给自食的农人都确知他们的需要，遇着丰年，出产卖得掉，那么很好，可以买一件新衣、一件外套、一辆自由车。遇着歉收，那么，身外的购买减少些，但至少有得吃，可以活命。这一切由简单的本能统治着的初级社会，联合起来便形成稳重的机轴，调节着一个国家的行动。经济本体如此，社会本体亦是如此。

一般改革家，往往想建造一种社会，使别种情操来代替家庭情操，例如国家主义，革命情操，行伍或劳工的友谊等。在或长或短的时间距离中，家庭必改组一次。从柏拉图到奚特（André Gide）①，作家尽可诅咒家庭，可不能销毁它。短时期内，主义的攻击把它压倒了，精神上却接着起了恐慌，和经济恐慌一样不可避免，而人类重复向自然的结合乞取感情，有如向土地乞取粮食一般。

凡是想统治人类的人，无论是谁，必得把简单本能这大概念时时放在心上，它是社会的有力的调节器。最新的世界，必须建

---

① 现代法国名作家，现译纪德。

筑于饥饿、愿欲、母爱等等上面,方能期以稳固。思想与行动之间的联合最难确立。无思想的行动是非人的[①]。不担承现实的重量的思想,则常易不顾困难。它在超越一切疆域之外,建立起美妙的但是虚幻的王国。它可以使钱币解体,可以分散财富,可以改造风化,可以解放爱情。但现实没有死灭得那么快。不论是政治家或道德家,都不能把国家全部改造,正如外科医生不能重造人身组织一样。他们的责任,在于澄清现局,创造有利于回复健康的条件;他们都应得顾及自然律,让耐性的、确实的、强有力的生命,把已死的细胞神秘地重行构造。

在此,我们想把几千年来,好歹使人类不至堕入疯狂与混乱状态的几种制度加以研究。我们首先从夫妇说起。

拜仑有言:"可怕的是,既不能和女人一起过生活,也不能过没有女人的生活。"从这一句话里他已适当地提出了夫妇问题。男子既不能没有女人而生活,那么什么制度才使他和女人一起生活得很好呢?是一夫一妻制么?有史以来三千年中,人类对于结婚问题不断地提出或拥护或反对的论据。拉勃莱(Rabelais,1483?—1553)[②]曾把这些意见汇集起来,在巴奴越(Panurge)[③]向邦太葛吕哀(Pantagruel)[④]征询关于结婚的意见

---

① 即无人性的,不近人情的。
② 法国名作家,现译拉伯雷。
③ 小说《巨人传》中人物,现译巴汝奇。
④ 《巨人传》中人物,现译庞大固埃。

的一章中，邦太葛吕哀答道：

"既然你掷了骰子，你已经下了命令，下了坚固的决心，那么，再也不要多说，只去实行便是。"

"是啊，"巴奴越说，"但没有获得你的忠告和同意之前，我不愿实行。"

"我表示同意，"邦太葛吕哀答道，"而且我劝你这样做。"

"可是，"巴奴越说，"如果你知道最好还是保留我的现状，不要翻什么新花样，我更爱不要结婚。"

"那么，你便不要结婚。"邦太葛吕哀答道。

"是啊，但是，"巴奴越说，"这样你要我终生孤独没有伴侣么？你知道苏罗门（Solomon）[①]经典上说：孤独的人是不幸的。单身的男子永远没有像结婚的人所享到的那种幸福。"

"那么天啊！你结婚便是。"邦太葛吕哀答道。

"但，"巴奴越说，"如果病了，不能履行婚姻的义务时，我的妻，不耐烦我的憔悴，看上了别人，不但不来救我的急难，反而嘲笑我遭遇灾祸，（那不是更糟！）窃盗我的东西，好似我常常看到的那样，岂不使我完了么？"

---

① 现译所罗门。

"那么你不要结婚便是。"邦太葛吕哀回答。

"是啊,"巴奴越说,"但我将永没有嫡亲的儿女,为我希望要永远承继我的姓氏和爵位的,为我希望要传给他们遗产和利益的。"

"那么天啊,你结婚便是。"邦太葛吕哀回答。

在雪莱的时代,有如拉勃莱的时代一样,男子极难把愿欲、自由不羁的情操,和那永久的结合——婚姻——融和一起。雪莱曾写过:"法律自命能统御情欲的不规则的动作:它以为能令我们的意志抑制我们天性中不由自主的感情。然而,爱情必然跟踪着魅惑与美貌的感觉;它受着阻抑时便死灭了;爱情真正的原素只是自由。它与服从、嫉妒、恐惧,都是不两立的。它是最精纯的最完满的。沉浸在爱情中的人,是在互相信赖的而且毫无保留的平等中生活着的。"

一百年后,萧伯纳(现译为萧伯讷)重新提起这问题时说,如果结婚是女子所愿欲的,男子却是勉强忍受的。他的《邓·璜》(*Don Juan*)① 说:"我对女人们倾诉的话,虽然受人一致指责,但却造成了我的妇孺皆知的声名。只是她们永远回答说,如果我进行恋爱的方式是体面的,她们可以接受。我推敲为何要有这种限制,结果我懂得:如果她有财产,我应当接受,如果她没有,应当把我的贡献给她,也应当欢喜她交往的人及其谈吐,直

---

① 萧氏名作之一,现译《唐·璜》

到我老死，而且对于一切别的女人都不得正眼觑视。我始终爽直地回答，说我一点也不希望如此，如果女人的智慧并不和我的相等或不比我的更高，那么她的谈吐会使我厌烦，她交往的人或竟令我不堪忍受，我亦不能预先担保我一星期后的情操，更不必说终生了，我的提议和这些问题毫无关系，只凭着我趋向女性的天然冲动而已。"

由此可见反对结婚的人的中心论据，是因为此种制度之目的，在于把本性易于消灭的情绪加以固定。固然，肉体的爱是和饥渴同样的天然本能，但爱之恒久性并非本能啊。如果，对于某一般人，肉欲必须要变化，那么，为何要有约束终生的誓言呢？①

也有些人说结婚足以减少男子的勇气与道德的力量。吉伯林（Kipling）②在《凯芝巴族的历史》（l'Histoire des Gadsby）中叙述凯芝巴大尉，因为做了好丈夫而变成坏军官。拿破仑曾言："多少男子的犯罪，只为他们对于女人示弱之故！"白里安（Briand）坚谓政治家永远不应当结婚："看事实吧，"他说，"为何我能在艰难的历程中，长久保持我清明的意志？因为晚上，在奋斗了一天之后，我能忘记；因为在我身旁没有一个野心勃勃的嫉妒的妻子，老是和我提起我的同僚们的成功，或告诉我人家说我的坏话……这是孤独者的力量。"婚姻把社会的痴狂加厚了一重障蔽，使男子变得更懦怯。

---

① 指婚姻而言。
② 现译为吉卜林。

即使教会，虽然一方面赞成结婚比蓄妾好，不亦确言独身之伟大而限令它的传教士们遵守么？伦理家们不是屡言再没有比一个哲学家结婚更可笑的事么？即令他能摆脱情欲，可不能摆脱他的配偶。人家更谓，即令一对配偶间女子占有较高的灵智价值，上面那种推理亦还是对的，反对结婚的人说："一对夫妇总依着两人中较为庸碌的一人的水准而生活的。"

这是对于婚姻的攻击，而且并非无力的；但事实上，数千年来，经过了多少政治的宗教的经济的骚乱剧变，婚姻依旧存在，它演化了，可没有消灭。我们且试了解它所以能久存的缘故[①]。

生存本能，使一切人类利用他人来保障自己的舒适与安全，故要驯服这天然的自私性格，必得要一种和它相等而相反的力量。在部落或氏族相聚而成的简单社会中，集团生活的色彩还很强烈，游牧漂泊的本能，便是上述的那种力量。但疆土愈广，国家愈安全，个人的自私性即愈发展。在如此悠久的历史中，人类之能建造如此广大如此复杂的社会，只靠了和生存本能同等强烈的两种本能，即性的本能与母性的本能。必须一个社会是由小集团组成的，利他主义方易见诸实现，因为在此，利他主义是在欲愿或母性的机会上流露出来的。"爱的主要优点，在于能把个人宇宙化。"[②]

[①] 以下所述，可参看孔德（Auguste Comte）著：*Politique Positive*（卷二、卷三）：Théorie Positive de la Famille。——原注
[②] 见D. H. Lawrence：Fantaisie de l'Inconseient。——原注

但在那么容易更换对象的性本能上面，如何能建立一种持久的社会细胞呢？爱，令我们在几天内容受和一个使我们欢喜的男人或女子共同生活，但这共同生活，不将随着它所由产生的愿欲同时消灭么？可是解决方案的新原素便在于此。"婚姻是系着于一种本能的制度。"人类的游牧生活，在固定的夫妇生活之前，已具有神妙的直觉，迫使人类在为了愿欲[①]之故而容易发誓的时候发了誓，而且受此誓言的拘束。我们亦知道在文明之初，所谓婚姻并非我们今日的婚姻，那时有母权中心社会、多妻制及一妻多夫制社会等。但时间的推移，永远使这些原始的形式，倾向于担保其持久性的契约，倾向于保护女子不受别的男人欺凌；保幼、养老，终于形成这参差的社会组织，而这组织的第一个细胞即夫妇。

萧伯讷的邓·璜说："社会组织与我何干？我所经意的只是我自身的幸福盖于我个人人生之价值，即在永远有'传奇式的未来'之可能性；这是欲愿和快乐的不息的更新；故毫无束缚可言。"那么，自由的变换是否为幸福必不可少的条件？凡是享有此种生活的人，比他人更幸福更自由么？"造成迦撒诺伐（Casanova，1725—1798）[②]与拜仑的，并非本能。而是一种恼怒了的想象，故意去刺激本能。如果邓·璜之辈只依着愿欲行事，他们亦不会有多少结合的了。"[③]

---

① 本文所言愿欲大抵皆指性本能。
② 以放浪形骸著名，现译卡萨诺瓦。
③ 见D. H. Lawrence：Femmes Amoureuses。——原注

邓·璜并非一个不知廉耻的人，而是失望的感伤主义者。"邓·璜自幼受着诗人画家音乐家的教养，故他心目中的女子亦是艺术家们所感应到的那一种，他在世界上访寻他们所描写的女人，轻盈美妙的身体，晶莹纯洁的皮肤，温柔绮丽，任何举止都是魅人的，任何言辞都是可爱的，任何思想都是细腻入微的。"换一种说法，则假若邓·璜（或说是太爱女人的男子）对于女子不忠实[①]，那也并非他不希望忠实，而是因为他在此间找不到一个和他心目中的女子相等的女子之故。拜伦亦在世界上寻访一个理想的典型：温柔的女人，有羚羊般的眼睛，又解人又羞怯，天真的，贤淑的，肉感的而又贞洁的；是他说的"聪明到能够钦佩我，但不致聪明到希望自己受人钦佩"的女子。当一个女人使他欢喜时，他诚心想她将成为他的爱人，成为小说中的女主人、女神。等他认识较深时，他发现她和其他的人类一样，受着兽性的支配，她的性情亦随着健康而转移，她也饮食（他最憎厌看一个女人饮食），她的羚羊般的眼睛，有时会因了嫉妒而变得十分犷野，于是如邓·璜一般，拜伦逃避了。

但逃避并不曾把问题解决。使婚姻变得难于忍受的许多难题（争执、嫉妒、趣味的歧异），在每个结合中老是存在。自由的婚姻并不自由。你们记得李兹[②]（Liszt）和亚果夫人[③]（Mme

---

[①] 即男子对于女子不贞。
[②] 19世纪大音乐家，现译李斯特。
[③] 现译达高特夫人。

d'Agoult)的故事么?你们也可重读一次《安娜小史》[1]中,安娜偕龙斯基私逃的记述。龙斯基觉得比在蜜月中的丈夫更受束缚,因为他的情人怕要失去他[2]。多少的言语行动举止,在一对结了婚的夫妇中间是毫无关系的,在此却使他们骚乱不堪。因为这对配偶之间没有任何联系,因为两个人都想着这可怕的念头:"是不是完了?"龙斯基或拜伦,唯有极端忍心方得解脱。他应当逃走。但邓·璜并非忍心的人。他为逃避他的情人而不使她伤心起见,不得不勉强去出征土耳其。拜伦因为感受婚姻的痛苦,甚至希望回复他的结合,与社会讲和。当然,且尤其在一个不能离婚的国家中,一个男人和一个女子很可能因了种种原因不得不和社会断绝关系,他们没有因此而不感痛苦的。

往往因了这个缘故,邓·璜(他的情人亦如此)发现还是在婚姻中男子和女子有最好的机会,可以达到相当完满的结合。在一切爱的结合之初,愿欲使男女更能互相赏识,互相了解。但若没有任何制度去支撑这种结合,在第一次失和时便有解散的危险。"婚姻是历时愈久缔结愈久的唯一的结合。"[3]一个结了婚的男子(指幸福的婚姻而言),因为对于一个女子有了相当的认识,因为这个女子更帮助他了解一切别的女子,故他对于人生的观念,较之邓·璜更深切更正确。邓·璜所认识的女子只有两种:一

---

[1] 托尔斯泰名著,现译《安娜·卡列尼娜》。
[2] 即她怕他不爱她。
[3] 阿仑(Alain,现译阿隆)语。——原注

是敌人，二是理想的典型。蒙丹朗（Montherlant）[1]在《独身者》（C-libataires）一书中，极力描写过孤独生活的人的无拘束，对于现实世界的愚昧，他的狭隘的宇宙，"有如一个系着宽紧带的球，永远弹回到自身"。凡是艺术家，如伟大的独身者巴尔扎克、史当达（Stendhal）[2]、洛弗贝（Flaubert）[3]、普罗斯德（Proust）[4]辈所能避免的缺点——如天真可笑的自私主义与怪僻等，一个凡庸之士便避免不了。艺术家原是一个特殊例外的人，他的一生，大半消磨于想象世界中而不受现实律令的拘束，且因为有自己创造的需要而使本能走向别的路上去[5]，姑且丢开他们不论，只是对于普通人，除了婚姻以外，试问究竟如何才是解决问题的正办？

漫无节制地放纵么？一小部分的男女试着在其中寻求幸福。现代若干文人也曾描绘过这群人物，可怪的是把他们那些模型加以研究之后，发觉这种生活亦是那么可怕，那么悲惨。恣意放纵的人不承认愿欲是强烈而稳固的情操。机械的重复的快乐一时能帮助他忘掉他的绝望，有如鸦片或威士忌，但情操决非从抽象中

---

[1] 现代法国作家，现译蒙泰朗。
[2] 法国19世纪大作家，首以心理分析著名，现译司汤达。
[3] 现译福楼拜。
[4] 法国19—20世纪大作家，现译普鲁斯特。
[5] "英国三个最大的诗人，雪莱、勃莱克、弥尔顿，都曾愿望一夫多妻制。这虽奇怪却并不见得是令人惊异的事。一种才具自有它的绝对的主见；一个艺术家不由自主地以为他的第一件责任是对于艺术的责任，如果他关心艺术以外的事，便是错误，除非这以外的事实在特别重要。"（见Aldous Huxley: Textes et Pr-textes）——原注

产生出来的，亦非自然繁殖的，恣意放纵的人自以为没有丝毫强烈的情操，即或有之，亦唯厌生求死之心，这是往往与放浪淫逸相附而来的。"在纵欲方面的精炼并不产生情操上的精炼……幻想尽可发明正常性接触以外的一切不可能的变化，但一切变化所能产生的感情上的效果总是一样：便是屈辱下贱的悲感。"[1]

更新换旧式的结合么？那我们已看到这种方式如何使问题益增纠纷：它使男人或女人在暮年将临的时光孤独无伴，使儿童丧失幸福。一夫多妻制么？则基于此种制度的文明常被一夫一妻制的文明所征服。现代的土耳其亦放弃了多妻制，它的人民在体格上、在精神上都因之复兴了。自由的婚姻么[2]？合法的乱交么？则我们不妨研究一下俄国近几年来的风化演变。革命之初，许多男女想取消婚姻，或把婚姻弄得那么脆弱，使它只留一个制度上的名词。至今日，尤其在女子的影响之下，持久的婚姻重复诞生了。在曼奈（Mehnert）《比论俄罗斯青年界》一书中，我们读到一般想避免婚姻的两性青年们所营的共同生活的故事。其中一个女子写信给她的丈夫说："我要一种个人的幸福，小小的、简单的、正当的幸福。我希望在安静的一隅和你一起度日。我们的集团难道不懂得这是人类的一种需要么？"吾人所有关于叙述现代俄罗斯的感情生活的记载，都证明这"人类的需要"已被公认了。

---

[1] 见Aldous Huxley：Proper Studies。——原注
[2] 指男女在结婚以后，在性的关系上在结合的久暂上各有相当的自由而言。

还有什么别的解决法么？探求合法结合的一种新公式么？在美洲有一位叫作林特赛（Lindsay）的推事，曾发明一种所谓"伴侣式"结合。他提议容许青年男女作暂时的结合，等到生下第一个孩子时，才转变为永久的联系。但这亦犯了同样的错误，相信可以智慧地运用创造连出种种制度。法律只能把风化予以登录，却不能创造风化。实际上，似乎一夫一妻制的婚姻，在有些国家中加以离婚的救济，在有些国家中由于不贞的调济，在我们西方社会中，成为对于大多数人不幸事件发生最少的解决法。

可是人们怎样选择他终生偕老的对手呢？先要问人们选择不选择呢？在原始社会中，婚姻往往由俘虏或购买以定。强有力的或富有财的男人选择，女子被选择。在十九世纪时的法国，大多数的婚姻是安排就的，安排的人有时是教士们，有时是职业的媒人，有时是书吏，最多是双方的家庭。这些婚姻，其中许多是幸福的。桑太耶那（Santayana）[①]说："爱情并不如它本身所想象的那么苛求，十分之九的爱情是由爱人自己造成的，十分之一才靠那被爱的对象。"如果因了种种偶然之故，一个求爱者所认为独一无二的对象从未出现，那么，差不多近似的爱情也会在别一个对象身上感到。热烈的爱情常会改变人物的真面目。过于狂热的爱人对于婚姻期望太奢，以致往往失望。美国是恋爱婚姻最多的国家，可亦是重复不已的离婚最盛的国家。

① 现代美国哲学家，现译桑塔亚那。

巴尔扎克在《两个少妇的回忆录》（*M-moires de deux Jeunes Mariées*，）中描写两种婚姻的典型，这描写只要把它所用的字汇与风格改换一下，那么在今日还是真确的。两个女主人中的一个，勒南（Renée de l'Estorade）代表理智，她在给女友的信中写道："婚姻产生人生；爱情只产生快乐。快乐消灭了，婚姻依旧存在；且更诞生了比男女结合更可宝贵的价值。故欲获得美满的婚姻，只须具有那种对于人类的缺点加以宽恕的友谊便够。"勒南，虽然嫁了一个年纪比她大而她并不爱的丈夫，终于变得极端幸福。反之，她的女友鲁意丝（Louise de Chaulieu）虽然是由恋爱而结婚的，却因过度的嫉妒，把她的婚姻生活弄得十分不幸，并以嫉妒而致丈夫于死地，随后自己亦不得善果。巴尔扎克的论见是：如果你联合健康、聪明、类似的家世、趣味、环境，那么只要一对夫妇是年轻康健的，爱情自会诞生。"这样，"曼斐都番尔（Méphistophelès）①说，"你可在每个女人身上看到海伦（Hélène）②。"

事实上，大战以来，如巴尔扎克辈及其以后的二代所熟知的"安排就的"婚姻，在法国有渐趋消灭以让自由婚姻之势。这是和别国相同的。可是为何要有这种演化呢？因为挣得财富保守财富的思想，变成最虚妄最幼稚的念头了。我们看到多少迅速的变化，多少出人意料的破产，中产者之谨慎小心，在此是毫无用处

---

① 《浮士德》剧中人物。
② 希腊神话中的美女，在譬喻中不啻吾国之西施。

了。预先周张的原素既已消失,预先的周张便无异痴想。加之青年人的生活比以前自由得多,男女相遇的机会也更容易。奁资与身家让位了,取而代之的是美貌、柔和的性情、运动家式的亲狎等。

是传奇式的婚姻么?不完全是。传奇式的结晶特别对着不在目前的女子而发泄的。流浪的骑士是传奇式的人物,因为他远离他的美人;但今日裸露的少女,则很难指为非现实的造物。我们的生活方式倾向于鼓励欲愿的婚姻,欲愿的婚姻并不必然是恋爱的婚姻,这是可惋惜的么?不一定。血性有时比思想更会选择。固然,要婚姻美满,必须具备欲愿以外的许多原素,但一对青年如果互相感到一种肉体的吸引,确更多构造共同生活的机会。

"吸引"这含义浮泛的名词,能使大家怀有多少希望。"美"是一个相对的概念。"它存在于每个赏识'美'的人的心目中。"某个男人,某个女子,认为某个对手是美的,别人却认为丑陋不堪。灵智的与道德的魅力可以加增一个线条并不如何匀正的女子的妩媚。性的协和并不附带于美,而往往是预感到的。末了,还有真实的爱情,常突然把主动者与被动者同时变得极美。一个热恋的人,本能地会在他天然的优点之外,增加许多后天的魅力。鸟儿歌唱,有如恋人写情诗。孔雀开屏,有如男子在身上装饰奇妙的形与色。一个网球名手,一个游泳家,自有他的迷力。只是,体力之于我们,远不及往昔那么重要,因为它已不复是对女子的一种安全保障。住院医生或外交官的会试,代替了以前的竞武角力。女子亦采用新的吸引方法了。如果我看到一个素来不喜科学的少女，突然对于生物学感到特别兴趣时，我一定想她受着生物学者的鼓动。我们亦看到一个少女的读物往往随着她的倾向而转变，这是很好的。再没有比精神与感觉的同时觉醒更自然更健全的了。

但一种吸引力，即使兼有肉体的与灵智的两方面，还是不足造成美满的婚姻。是理智的婚姻呢抑爱情的婚姻？这倒无关重要。一件婚姻的成功，其主要条件是：在订婚期内，必须有真诚的意志，以缔结永恒的夫妇。我们的前辈以金钱结合的婚姻所以难得是真正的婚姻的缘故，因为男子订婚时想着他所娶的是奁资，不是永久的妻子，"如果她使我厌烦，我可以爱别的。"以欲愿缔结的婚姻，若在未婚夫妇心中当作一种尝试的经验，那么亦会发生同样的危险。

"每个人应当自己默誓，应当把起伏不定的吸引力永远固定。""我和她或他终生缔结了；我已选定了；今后我的目的不复是寻访使我欢喜的人，而是要使我选定的人欢喜"，想到这种木已成舟的念头，固然觉得可怕，但唯有这木已成舟的定案才能造成婚姻啊。如果誓约不是绝对的，夫妇即极少幸福的机会，因为他们在第一次遇到的阻碍上和共同生活的无可避免的困难上，即有决裂的危险。

共同生活的困难常使配偶感到极度的惊异。主要原因是两性之间在思想上在生活方式上天然是冲突的。在我们这时代，大家太容易漠视这些根本的异点。女子差不多和男子做同样的研究；

她们执行男人的职业，往往成绩很好；在许多国家中，她们也有选举权，这是很公道的。这种男女间的平等，虽然发生极好的效果，可是男人们不应当因之忘记女人终究是女人。孔德①对于女性所下的定义，说她是感情的动物，男子则是行动的动物。在此我们当明白，对于女子，"思想与肉体的关联比较密切得多"。女人的思想远不及男人的抽象。

男人爱构造种种制度，想象实际所没有的世界，在思想上改造世界，有机会时还想于行动上实行。女子在行动方面的天赋便远逊了，因为她们有意识地或无意识地潜心于她的主要任务，先是爱情，继而是母性。女人是更保守，更受种族天性的感应。男子有如寄生虫，有如黄蜂，因为他没有多大的任务，却有相当的余力，故发明了文明、艺术与战争。男人心绪的转变，是随着他对外事业之成败而定的。女人心绪的转变，却是和生理的动作关联着的。浑浑噩噩的青年男子，则其心绪的变化，常有荒诞、怪异、支离、执拗的神气；巴尔扎克尝言，年轻的丈夫令人想到沐猴而冠的样子。

女人亦不懂得行动对于男子的需要。男子真正的机能是动，是狩猎，是建造，做工程师、泥水匠、战士。在婚后最初几星期中，因为他动了爱情，故很愿相信爱情将充塞他整个的生命。他不愿承认他自己固有的烦闷。烦闷来时，他寻求原因。他怨自己娶了一个病人般的妻子，整天躺着，不知自己究竟愿望什么。可

---

① 法国19世纪实证主义派哲学家。——译者注

是女人也在为了这个新伴侣的骚动而感到痛苦。年轻的男子，烦躁地走进一家旅馆：这便是蜜月旅行的定型了。我很知道，在大半情形中，这些冲突是并不严重的，加以少许情感的调剂，很快便会平复。但这还得心目中时常存着挽救这结合的意志，不断地互相更新盟誓才行。

因为什么也消灭不了性格上的深切的歧异，即使最长久最美满的婚姻也不可能。这些异点可被接受，甚至可被爱，但始终存在。男子只要没有什么外界的阻难可以征服时便烦闷。女人只要不爱了或不被爱了时便烦闷。男人是发明家，他倘能用一架机器把宇宙改变了便幸福。女人是保守者，她倘能在家里安安静静做些古老的简单的工作便幸福。即使现在，在数千万的农家，在把机器一会儿拆一会儿装的男人旁边，还有女人织着绒线，摇着婴孩睡觉。阿仑①很正确地注意到，男子所造的一切都带着外界需要的标识，他造的屋顶，其形式是与雨雪有关的；阳台是与太阳有关的；舟车的弧线是由风与浪促成的。女子的一切作业则带着与人体有关的唯一的标识，靠枕预备人身凭倚，镜子反映人形。这些都是两种思想性质的简单明了的标记。

男人发明主义与理论，他是数学家、哲学家、玄学家。女子则完全沉浸于现实中，她若对于抽象的主义感到兴趣，亦只是为了爱情（如果那主义即是她所喜欢的男人的主义），或是为了绝望之故（如果她被所爱的男子冷淡）。即以史太埃夫人（Mme de

---

① 现代法国哲学家。

Staël）[①]而论，一个女哲学家，简直是绝了女人的爱情之路。最纯粹的女性的会话，全由种种故事、性格的分析，对于旁人的议论，以及一切实际的枝节组成的。最纯粹的男性的会话却逃避事实，追求思想。

一个纯粹的男子，最需要一个纯粹的女子去补充他，不论这女子是他的妻，是他的情妇，或是他的女友。因了她，他才能和种族这深切的观念保持恒久的接触。男人的思想是飞腾的。它会发现无垠的天际，但是空无实质的。它把"词句的草秆当作事实的谷子"。女人的思想老是脚踏实地的：它每天早上都是走的同样的路，即使女人有时答应和丈夫一起到空中去绕个圈子，她也要带一本小说，以便在高处也可找到人类、情操，和多少温情。

女子的不爱抽象观念，即是使她不涉政治的理由么？我以为如果女人参与政治而把其中的抽象思想加以驱除时，倒是为男子尽了大力呢。实用的政治，与治家之道相去不远；至于有主义的政治却是那么空洞、模糊、危险。为何要把这两种政治混为一谈呢？女人之于政治，完全看作乐观的问题与卫生问题。男人们即使对卫生问题也要把它弄成系统问题，自尊自傲问题。这是胜过女人之处？最优秀的男子忠于思想；最优秀的女子忠于家庭。如果为了政党的过失以致生活程度高涨，发生战争的危险时，男人将护卫他的党派；女人将保障和平与家庭，即使因此而改易党派亦所不惜。

---

① 法国19世纪初浪漫派女作家，现译斯塔尔夫人。

但在这个时代，在女子毫不费力地和男子作同样的研究，且在会考中很易战败男子的时代，为何还要讲什么男性精神女性精神呢？我们已不是写下面这些句子的世纪了："人家把一个博学的女子看作一件美丽的古董，是书房里的陈设，可毫无用处。"当一个住院女医生和她的丈夫——亦是医生——谈话时，还有什么精神上的不同？只在于一个是男性一个是女性啊！一个少女，充其量，能够分任一个青年男子的灵智生活。处女们是爱研究斗争的。恋爱之前的华尔姬丽（Walkyrie）[1]是百屈不挠的。然而和西葛弗烈特（Siegfried）[2]相爱以后的华尔姬丽呢？她是无抵抗的了，变过了。一个现代的华尔姬丽，医科大学的一个女生，和我说："我的男同学们，即在心中怀着爱情方面的悲苦时，仍能去诊治病人，和平常一样。但是我，如果我太不幸了的时候，我只能躺在床上哭。"女人只有生活于感情世界中才会幸福。故科学教她们懂得纪律亦是有益的。阿仑有言："人类的问题，在于使神秘与科学得以调和，婚姻亦是如此。"

女子能够主持大企业，其中颇有些主持得很好。但这并不是使女子感到幸福的任务。有一个在这种事业上获得极大的成功的女子对人说："你知道我老是寻访的是什么？是一个能承担我全部事业的男人，而我，我将帮助他。啊！对于一个我所爱的领袖，我将是一个何等样的助手！……"的确，我们应当承认她们

---

[1] 华葛耐（现译瓦格纳）歌剧中之女英雄。
[2] 华葛耐歌剧中之男英雄。

是助手而不是开天辟地的创造者。人家可以举出乔治桑（George Sand）、勃龙德（Brontë）姊妹[1]、哀里奥（Eliot）[2]、诺阿叶夫人（Mme de Noailles）[3]、曼殊斐儿（Mansfield）[4]……以及生存在世的若干天才女作家。固然不错，但你得想想女子的总数。不要以为我是想减低她们的价值。我只是把她们安放在应该安放的位置上。她们和现实的接触，比男人更直接，但要和顽强的素材对抗、奋斗——除了少数例外——却并非她们的胜长。艺术与技巧，是男性过剩的精力的自然发泄。女人的真正的创造却是孩子。

那些没有孩子的女子呢？但在一切伟大的恋爱中间都有母性存在。轻佻的女人固然不知道母性这一回事，可是她们亦从未恋爱过。真正的女性爱慕男性的"力"，因为她们稔知强有力的男子的弱点。她们爱护男人的程度，和她受到爱护的程度相等。我们都知道，有些女人，对于她所选择的所改造的男子，用一种带着妒意的温柔制服他们。那些不得不充作男人角色的女子，其实还是保持着女性的立场。英后维多利亚（Queen Victoria）并非一个伟大的君王，而是一个化装了的伟大的王后。狄斯拉哀利（Disraëli）[5]和洛斯贝利（Rosbery）固然是她的大臣，但一部分是她的崇拜者，一部分是她的孩子。她想着国事有如想着家事，

---

[1] 英国19世纪三女作家，现译勃朗特。
[2] 英国19世纪女作家Mary Ann Evans之笔名，现译艾略特。
[3] 法国现代女诗人，已故。
[4] 现译曼斯菲尔德。
[5] 现译迪斯累利。

想着欧洲的冲突有如想着家庭的口角。"你知道么？"她和洛斯贝利说，"因为是一个军人的女儿，我对军队永远怀有某种情操？"又向德皇说："一个孙儿写给祖母的信，应当用这种口气么？"①

我是说两性之中一性较优么？绝对不是。我相信若是一个社会缺少了女人的影响，定会堕入抽象，堕入组织的疯狂，随后是需要专制的现象，因为既没有一种组织是真的，势必至以武力行专制了，至少在一时期内要如此。这种例子，多至不胜枚举。纯粹男性的文明，如希腊文明，终于在政治、玄学、虚荣方面崩溃了。唯有女子才能把爱谈主义的黄蜂——男子，引回到蜂房里，那是简单而实在的世界。没有两性的合作，决没有真正的文明。但两性之间没有对于异点的互相接受，对于不同的天性的互相尊重，也便没有真正的两性合作。

现代小说家和心理分析家最常犯的错误之一，是过分重视性生活及此种生活所产生的情操。在法国如在英国一样，近三十年来的文学，除了少数的例外，是大都市文学，是轻易获得的繁荣的文学，是更适合于女人的文学。在这种文学中，男人忘记了他的两大任务之一，即和别的男子共同奋斗，创造世界，"不是为你们的世界，亲爱的女人"，而是一个本身便美妙非凡的世界，男人会感到可以为这世界而牺牲一切，牺牲他的爱情，甚至他的

---

① 德皇威廉二世系英后维多利亚之外孙。

生命。

女子的天性，倾向着性爱与母爱；男子的天性，专注于外界。两者之间固存着无可避免的冲突，但解决之道亦殊不少。第一，是创造者的男子的自私的统治。洛朗斯（Lawrence）[①]曾言："唤醒男子的最高感应的，决不是女子。而是男子的孤寂如宗教家般的灵魂，使他超脱了女人，把他引向崇高的活动。……耶稣说：'女人，你我之间有何共同之处？'凡男子觉得他的灵魂启示他何种使命何种事业的时候，便应和他的妻子或母亲说着同样的话。"

凡一切反抗家庭专制的男子，行动者或艺术家，便可以上述的情操加以解释或原恕。托尔斯泰甚至逃出家庭，他的逃避只是可怜的举动，因为在这番勇敢的行为之后，不久便老病以死；但在精神上，托尔斯泰早已逃出了他的家庭；在他的主义和生活方式所强制他的日常习惯之间，冲突是无法解救的。画家高更（Paul Gauguin）[②]抛弃了妻儿财产，独个子到泰伊蒂岛（Tahiti）[③]上过活，终于回复了他的本来。但托尔斯泰或高更的逃避是一种弱点的表现。真正坚强的创造者会强制他的爱人或家庭尊重他的创造。在歌德家中，没有一个女人曾统治过。每逢一个女子似乎有转变他真正任务的倾向时，歌德便把她变成固定的造像。他把她或是写成小说或是咏为诗歌，此后，便离开她了。

---

① 现译劳伦斯。
② 法国近代大画家。
③ 现译塔希堤岛。

当环境使一个男子必须在爱情与事业（或义务）之间选择其一的时候，女人即感到痛苦，有时她亦不免抗拒。我们都稔悉那些当水手或士兵的夫妇，他们往往为了情操而把前程牺牲了。白纳德（Arnold Benett）以前曾写过一出可异的剧本，描写一个飞行家经过了不少艰难，终于取得了他所爱的女子。这女子确是一个杰出的人才，赋有美貌、智慧、魅力、思想，她在初婚时下决心要享受美满的幸福。他们在山中的一家旅店中住下，度着蜜月，的确幸福了。但丈夫忽然得悉他的一个劲敌已快要打破他所造成的最得意的航空纪录。立刻，他被竞争心鼓动了，妻子和他谈着爱情，他一面听一面想着校准他的引擎。末了，当她猜到他希望动身时，她悲哀地喁喁地说："你不看到在我女人的生涯中，这几天的光阴，至少和你在男子生活中的飞行家的冒险同样重要么？"但他不懂得，无疑地，他也应该不懂得。

因为如果情欲胜过了他的任务，男子也就不成其为男子了。这便是萨松（Samson）的神话①，便是哀克尔（Hercule）跪在翁华尔（Omphale）脚下的故事②。一切古代的诗人都曾歌咏为爱情奴隶的男子。美丽的巴丽斯（Paris）是一个恶劣的兵士③，

---

① 萨松（现译参孙）为希伯来法官，以勇力过人著名。相传其勇力皆藏于长发中，后萨松惑于一女名达丽拉（Dalila），伊乘萨松熟睡，将其长发剃去，自此遂失其勇。——译者注

② 哀克尔（现译赫拉克勒斯）为希腊神话中最有勇力之神，惑于李地女后翁华尔（现译吕底亚女王翁法勒），伊命其在膝下纺织为女工，哀克尔从之。——译者注

③ 希腊神话，巴丽斯以美貌著名，恋美女海伦，掳之以归，遂被希腊人围攻脱洛阿城（Troie，现译特洛伊）。——译者注

嘉尔曼（Carmen）诱使她的爱人堕落，玛侬（Manon）使她的情人屡次犯罪。即是合法的妻子，当她们想在种种方面支配丈夫的生活时，亦会变成同样可怕的女人。"当男子丧失了对于创造活动的深切意识时，他感到一切都完了，的确，他一切都完了。当他把女人或女人与孩子作为自己的生命中心时，他便堕入绝望的深渊。"一个行动者的男子而只有在女人群中才感到幸福，决不是一种好现象。这往往证明他惧怕真正的斗争。威尔逊，那个十分骄傲的男子，不能容受人家的抵触与反抗，故他不得不遁入崇拜他的女性群中。和男子冲突时，他便容易发怒，这永远是弱的标识啊，真正强壮的男子爱受精神上的打击，有如古代英雄爱有刀剑的击触一样。

然而在一对幸福的配偶中，女子也自有她的地位和时间，"因为英雄并非二十四小时都是英雄的啊……拿破仑或其他任何英雄可以在茶点时间回家，穿起软底鞋，体味他夫人的爱娇，决不因此而丧失他的英雄本色。因为女人自有她自己的天地；这是爱情的天地，是情绪与同情的天地。每个男子也应得在一定的时间脱下皮靴，在女性宇宙中宽弛一下，纵情一下"。而且一个男子在白天离家处于男子群中，晚上再回到全然不同的另一思想境界中去，亦是有益的事。真正的女子决不妒忌行动、事务、政治生活或灵智生活；她有时会难受，但她会掩饰痛苦而鼓励男子。安特洛玛克（Andromaque）在哀克多（Hector）[①]动身时忍着

[①] 现译赫克托耳。

泪。她有她为妻的任务。

综合以上所述，我们当注意的是：不论一件婚姻是为双方如何愿望，爱情如何浓厚，夫妇都如何聪明，他俩至少在最初数天将遇到一个使他们十分惊异的人物。

可是初婚的时期，久已被称为"蜜月"。那时候，如果两人之间获得性生活方面的和谐，一切困难最初是在沉迷陶醉中遗忘的。这是男子牺牲他的朋友，女子牺牲她的嗜好的时期，在《约翰·克里司朵夫》（Jean-Christophe）①中，有一段关于婚期的女子的很真实的描写，说这女子"毫不费力地对付抽象的读物，为她在一生任何别的时期中所难于做到的。仿佛一个梦游病者，在屋顶上散步而丝毫不觉得这是可怕的梦。随后她看见屋顶，可也并未使她不安，她只自问在屋顶上做些什么，于是她回到屋子里去了"。

不少女人在几个月或几年之后回到自己屋子里去了。她们努力使自己不要成为自己，可是这努力使她支持不住。她们想着："我想跟随他，但我错误了。我原是不能这样做的。"

男子方面，觉得充满着幸福，幻想着危险的行动。

拜仑所说在蜜月之后的"不幸之月"，便是如此造成的；这是狂热过度后的颓丧。怨偶形成了。有时夫妇间并不完全失和，虽然相互间已并不了解，但大家在相当距离内还有感情。有一次，一个美国女子和我解释这等情境，说：

"我很爱我的丈夫，但他住在一个岛上，我又住在另一个岛

---

① 罗曼·罗兰名作。

上，我们都不会游泳，于是两个人永远不相会了。"

奚特曾言："两个人尽可过着同样的生活，而且相爱，但大家竟可互相觉得谜样的不可测！"

有时候这情形更严重，从相互间的不了解中产生了敌意。你们当能看到，有时在饭店里，一个男人，一个女子，坐在一张桌子前面，静悄悄地，含着敌意，互相用批评的目光瞩视着。试想这种幽密的仇恨，因为没有一种共同的言语而不能倾诉，晚上亦是同床异梦，一声不响地，男子只听着女子呻吟。

这是不必要的悲剧么？此外不是有许多幸福的配偶么？当然。但若除了若干先天构成的奇迹般的和谐之外，幸福的夫妇，只因为他们不愿任凭性情支配自己而立意要求幸福之故。我们时常遇到青年或老年，在将要缔婚的时候，因怀疑踌躇而来咨询我们。这些会话，老是可异地和巴奴越与邦太葛吕哀的相似。

"我应当结婚么？"访问者问。

"你对于你所选择的他（或她）爱不爱呢？"

"爱的，我极欢喜见到他（或她）；我少不了他（或她）。"

"那么，你结婚便是。"

"无疑的，但我对于缔结终身这事有些踌躇……因此而要放弃多少可能的幸福真是可怕。"

"那么你不要结婚。"

"是啊，可是这老年的孤寂……"

"天啊，那么你结婚就是！"

这种讨论是没有结果的。为什么？因为婚姻本身（除了少数幸或不幸的例外）是无所谓好坏的。成败全在于你。只有你自己才能答复你的问句，因为你在何种精神状态中预备结婚，只有你自己知道。"婚姻不是一件定局的事，而是待你去做的事。"

如果你对于结婚抱着像买什么奖券的念头："谁知道？我也许会赢得头彩，独得幸运……"那是白费的。实在倒应该取着艺术家创作一件作品时那样的思想才对。丈夫与妻子都当对自己说："这是一部并非要写作而是要生活其中的小说。我知道我将接受两种性格的异点，但我要成功，我也定会成功。"

假如在结婚之初没有这种意志，便不成为真正的婚姻。基督旧教的教训说，结婚的誓约在于当事人双方的约束，而并非在于教士的祝福。这是很好的思想。如果一个男人或女人和你说："我要结婚了……什么？才得试一试……如果失败，也就算了，总可有安慰的办法或者是离婚。"那你切勿迟疑，应得劝他不必结婚。因为这不是一件婚姻啊。即使具有坚强的意志，热烈的情绪，小心翼翼的谨慎，还是谁也不敢确有成功的把握，尤其因为这件事业的成功不只关系一人之故。但如果开始的时候没有信心，则必失败无疑。

婚姻不但是待你去做，且应继续不断把它重造的一件事。无论何时，一对夫妇不能懒散地说："这一局是赢得了，且休息吧。"人生的偶然，常有掀动波澜的可能。且看大战曾破坏掉多少太平无事的夫妇，且看两性在成年期间所能遭遇的危险。所以要每天重造才能成就最美满的婚姻。

当然，这里所谓每天的重造，并不是指无穷的解释，互相的分析与忏悔。关于这种危险，曼尔蒂（Meredith）与夏杜纳（Chardonne）说得很对："过分深刻的互相分析，会引致无穷尽的争论。"故"重造"当是更简单更幽密的事。一个真正的女子不一定能懂得但能猜透这些区别，这些危险，这种烦闷。她本能地加以补救。男子也知道，在某些情形中，一瞥，一笑，比冗长的说明更为有益。但不论用什么方法，总得永远重造。人间没有一样东西能在遗忘弃置中久存的，房屋被弃置时会坍毁，布帛被弃置时会腐朽，友谊被弃置时会淡薄，快乐被弃置时会消散，爱情被弃置时亦会溶解。应当随时葺理屋顶，解释误会才好。否则仇恨会慢慢积聚起来，蕴藏在心魂深处的情操，会变成毒害夫妇生活的恶薮。一旦因了细微的口角，脓肠便会溃发，使夫妇中每个分子发现他自己在另一个人心中的形象而感到害怕。

因此，应当真诚，但也得有礼。在幸福的婚姻中，每个人应尊重对方的趣味与爱好。以为两个人可有同样的思想，同样的判断，同样的欲愿，是最荒唐的念头。这是不可能的，也是要不得的。我们说过，在蜜月时期，爱人们往往因了幻想的热情的幸福，要相信两个人一切都相似，终于各人的天性无可避免地显露出来。故阿仑曾言："如果要婚姻成为夫妇的安乐窝，必得要使友谊慢慢代替爱情。"代替么？不，比这更复杂。在真正幸福的婚姻中，友谊必得与爱情融和一起。友谊的坦白在此会发生一种宽恕和温柔的区别。两个人得承认他们在精神上、灵智上是不相似的，但他们愉快地接受这一点，而且两人都觉得这倒是使心灵上互相得益的良机。对于努力解决人间纠纷的男子，有一个细腻、聪明、幽密、温柔的女性在他身旁，帮助他了解他所不大明白的女性思想，实在是一支最大的助力。

所谓愿欲，虽然是爱情的根源，在此却不能成为问题。在这等结合中，低级的需要升华了。肉体的快乐，因了精神而变成超过肉体快乐远甚的某种境界的维持者。对于真正结合一致的夫妇，青春的消逝不复是不幸。白首偕老的甜蜜的情绪令人忘记了年华老去的痛苦。

拉·洛希夫谷（La Rochefaucauld）[1]曾有一句名言，说："尽有完满的婚姻，决无美妙的婚姻。"我却希望本文能指出人们尽可想象有美妙的。但最美妙的决不是最容易的。两个人既然都受意气、错误、疾病等等的支配，足以改变甚至弄坏他们的性情，共同生活又怎么会永远没有困难呢？没有冲突的婚姻，几与没有政潮的政府同样不可想象。只是当爱情排解了最初几次的争执之后，当感情把初期的愤怒化为温柔的、嬉戏似的宽容之后，也许夫妇间的风波将易于平复。

归结起来是：婚姻绝非如浪漫底克的人们[2]所想象的那样；而是建筑于一种本能之上的制度，且其成功的条件不独要有肉体的吸引力，且也得要有意志、耐心、相互的接受及容忍。由此才能形成美妙的坚固的情感，爱情、友谊、性感、尊敬等等的融合，唯有这方为真正的婚姻。

---

[1] 法国17世纪名作家，现译拉罗什富科。
[2] 即热情的富于幻想的人。

美好的人生

论父母与子女

如果我要对于家庭问题有所说法，我定会引用梵莱梨（Paul Valéry）[①]的名句："每个家庭蕴藏着一种内在的特殊的烦恼，使稍有热情的每个家庭分子都想逃避。但晚餐时的团聚，家中的随便、自由，还我本来的情操，确另有一种古代的有力的德性。"

我所爱于这段文字者，是因为它同时指出家庭生活的伟大与苦恼。一种古代的有力的德性，一种内在的特殊的烦恼，是啊，差不多一切家庭都蕴蓄着这两种力量。

试问一问小说家们，因为凡是人性的综合的集合的形象，必得向大小说家探访。巴尔扎克怎么写？老人葛里奥（Goriot）对于女儿们的关切之热烈，简直近于疯狂，而女儿们对他只是残酷冷淡，克朗台（Grandet）一家，母女都受父亲的热情压迫，以致

---

① 法国现代大诗人，现译瓦雷里。

感到厌恶；勒·甘尼克（Le Guénic）家庭却是那么美满。莫利阿克（Fran ois Mauriac）①又怎么写？在Le Noeud de Vipéres 中，垂死的老人病倒在床上，听到他的孩子们在隔室争论着分析财产问题，争论着他的死亡问题：老人所感到的是悲痛，孩子们所感到的，是那些有利害冲突而又不得不过着共同生活的人们的互相厌恶；但在Le Mystére Frontenac 中，却是家庭结合得无可言喻的甘美，这种温情，有如一群小犬在狗窝里互偎取暖，在暖和之中又有互相信赖，准备抵御外侮的情操。

丢开小说再看现实生活。你将发现同样的悲喜的交织……晚餐时的团聚……内在的特殊的烦恼……我们的记忆之中，都有若干家庭的印象，恰如梵莱梨所说的既有可歌可颂又有可恼可咒的两重性格。我们之中，有谁不曾在被人生创伤了的时候，到外省静寂的宽容的家庭中去寻求托庇？一个朋友能因你的聪慧而爱你，一个情妇能因你的魅力而爱你，但一个家庭能不为什么而爱你，因为你生长其中，你是它的血肉之一部。可是它比任何人群更能激你恼怒。有谁不在青年的某一时期说过："我感到窒息，我不能在家庭里生活下去了；他们不懂得我我亦不懂得他们。"曼殊斐儿十八岁时，在日记上写道："你应当走，不要留在这里！"但以后她逃出了家庭，在陌生人中间病倒了时，她又在日记上写道："想象中所唯一值得热烈景慕的事是，我的祖母把我安放在床上，端给我一大杯热牛奶和面包，两手交叉着站在这

---

① 现代法国名小说家，现译莫里亚克。

里，用她曼妙的声音和我说：'哦，亲爱的……这难道不愉快么？'啊！何等神奇的幸福。"

实际是，家庭如婚姻一样，是由本身的伟大造成了错综、繁复的一种制度。唯有抽象的思想才单纯，因为它是死的。但家庭并非一个立法者独断的创造物，而是自然的结果；促成此结果的是两性的区别，是儿童的长时间的幼弱，和由此幼弱促成的母爱，以及由爱妻、爱子的情绪交织成的父爱。我们为研究上较有系统起见，先从这大制度的可贵的和可怕的两方面说起。

先说它的德性。我们可用和解释夫妇同样的说法，说家庭的力量，在于把自然的本能当作一种社会结合的凭借。联系母婴的情操是一种完全、纯洁、美满的情操，没有丝毫冲突。对于婴孩，母亲无异神明。她是全能的。若是她自己哺育他的话，她是婴儿整个欢乐整个生命的泉源。即使她只照顾他的话，她亦是减轻他的痛苦加增他的快乐的人，她是最高的托庇，是温暖，是柔和，是忍耐，是美。对于母亲那方面，孩子竟是上帝。

母性，有如爱情一样，是一种扩张到自己身外的自私主义，由此产生了忠诚的爱护。因了母爱，家庭才和夫妇一样，建筑于本能之上。要一个社会能够成立，"必须人类先懂得爱"[1]，而人类之于爱，往往从母性学来。一个女子对于男子的爱，常含有若干母性的成分。乔治桑爱缪塞（Musset）么？爱晓邦（Chopin，现译肖邦）么？是的，但是母爱的成分甚于性爱的成

---

[1] 见Alain：Les Sentiments Familiaux。——原注

分。例外么？我不相信。如华伦斯夫人（Mme de Warens）[①]，如贝尼夫人（Mme de Berny）……母性中久留不灭的成分，常是一种保护他人的需要。女人之爱强的男子只是表面的，且她们所爱的往往是强的男子的弱点（关于这，可参阅萧伯讷的Candida 和 Soldat de Chocolat）。

孩子呢？如果他有福分有一个真正女性的母亲，他亦会受了她的教诲，在生命初步即懂得何谓毫无保留而不求报酬的爱。从母爱之中，他幼年便知道人间并不完全是敌害的，也有温良的接待，也有随时准备着的温柔，也有可以完全信赖而永不有何要求的人。这样开始的人生是精神上的极大的优益；凡是乐观主义者，虽然经过失败与忧患，而自始至终抱着信赖人生的态度的人们，往往都是由一个温良的母亲教养起来的。反之，一个恶母，一个偏私的母亲，对于儿童是最可悲的领导者。她造成悲观主义者，造成烦恼不安的人。我曾在《家庭圈》[②]中试着表明，孩子和母亲的冲突如何能毒害儿童的心魂。但太温柔太感伤的母亲也能产生很大的恶果，尤其对于儿子，使他太早懂得强烈的狂热的情操。史当达曾涉及这问题，洛朗斯的全部作品更和此有关。"这是一种乱伦，"他说，"这是比性的乱伦更危险的精神的乱伦，因为它不易被觉察，故本能亦不易感到其可厌。"关于这，我们在下文涉及世代关系及发生较缓的父亲问题时再行讨论。

---

① 卢梭早年时的保护者兼情妇。
② Le Cercle de Famille，莫罗阿氏所著小说名称。

美好的人生

既然我们试着列举家庭的德性和困难，且记住家庭是幼年时代的"爱的学习"。故我们虽然受到损害，在家庭中仍能感到特异的幸福。但这种回忆，并非是使我们信赖家庭的唯一的原因。家庭并是一个为我们能够显露"本来面目"（如梵莱梨所云）的处所。

这是一件重大的难得的德性么？我们难道不能到处显露"本来面目"么？当然不能。我们在现实生活中不得不扮演一个角色，采取一种态度。人家把我们当作某个人物，我们得尽官样文章般的职务，我们要过团体生活。一个主教，一个教授，一个商人，在大半的生涯中，都不能保有自己的本来面目。

在一个密切结合的家庭中，这个社会的角色可以减到最低限度。试想象家庭里晚间的情景：父亲，躺在安乐椅中读着报纸，或打瞌睡；母亲织着绒线，和大女儿谈着一个主妇生活中所能遇到的若干难题；儿子中间的一个，口里哼着什么调子，读着一本侦探小说；第二个在拆卸电插；第三个旋转着无线电周波轴，搜寻欧洲某处的演说或音乐。这一切都不十分调和。无线电的声音，扰乱父亲的阅览或瞌睡。父亲的沉默，使母亲感到冷峻。母女的谈话，令儿子们不快。且他们也不想掩藏这些情操，礼貌在家庭中是难得讲究的。人们可以表示不满，发脾气，不答复别人的问话，反之，亦能表示莫名其妙的狂欢。家庭中所有的分子，都接受亲族的这些举动，且应当尽量地容忍。只要注意"熟习的"一词的双重意义，便可得到有益的教训①。一种熟习的局面，是常见的不足为奇的局面。人们讲起一个朋友时说"他是一家人"时，意思是在他面前可以亲密地应付，亦即是可用在社会上被认为失礼的态度去应付。

刚才描写的那些人物，并非在家庭中感着陶醉般的幸福，但他们在其中觉得有还我自由的权利，确有被接受的把握，获得休息，且用莫利亚克的说法，"有一种令人温暖令人安心的感觉"。他们知道是处于互相了解的人群中，且在必要时会互相担负责任。如果这幕剧中的演员有一个忽然头痛了，整个蜂房会得骚动起来。姊姊去铺床，母亲照顾着病人，兄弟中的一个到药房里去。受着病的威胁的个人在此是不会孤独的。没有了家庭，在广大的宇宙间，人会冷得发抖。在因为种种原因而使家庭生活减少了强度的国中（如美国、德国、战后的俄国），人们感有迫近大众的需要，和群众一起思维的需要。他们需要把自己的情操自己的生活，和千万人的密接起来，以补偿他们所丧失的这小小的、友爱的、温暖的团体。他们试着要重获原始集团生活的凝聚力，可是在一个巨大的民族中，这常是一件勉强而危险的事。

"连锁关系"且超出父母子女所形成的家庭集团以外，在古罗马族中，它不独联合着真正的亲族，且把联盟的友族、买卖上的主顾及奴隶等等一起组成小部落。在现代社会中，宗族虽然没

---

① Familier一词，作"亲密""熟习"解，但其语源，出于"家庭"（Famille）一词。

有那样稳定——因为组成宗族的家庭散布太广了——但还是相当坚固。在任何家庭中,你可以发现来历不明的堂兄弟,或是老处女的姑母,在家庭中过着幽静的生活。巴尔扎克的作品中,有堂兄弟邦,有姑母加丽德;在莫利亚克的小说中,也有叔叔伯伯。班琪(Charles Péguy)①曾着力描写那些政界中的大族,学界中的大族,用着极大的耐性去搜寻氏族中的职位、名号、勋位,甚至追溯到第四代的远祖。

我用氏族这名词。但在原始氏族,和在夏天排列在海滩上的我们的家族之间,有没有区别呢?母亲在粗布制的帐篷下面,监护着最幼的孩子;父亲则被稍长的儿童们围绕着钓虾。这个野蛮的部落自有它的言语。在许多家庭中,字的意义往往和在家庭以外所用的不同。当地的土语令懂得的人狂笑不已,而外地的人只是莫名其妙。好多氏族对于这种含有神秘色彩的亲密感着强烈的快意,以致忘记了他们以外的世界。也有那些深闭固拒,外人无从闯入的家庭,兄弟姊妹们的童年生活关联得那么密切,以致他们永远分离不开。和外界的一切交际,于他们都是不可能的。即使他们结了婚,那些舅子、姊丈、妹倩、嫂子等始终和陌生人一样。除了极少数能够同化的例外,他们永不会成为家庭中之一员。他们不能享受纯种的人的权利,人家对于他们的态度也更严厉。

我们认识有些老太太们,认为世界上唯一有意义的人物,只

---

① 法国近代神秘诗人,,现译夏尔·佩吉。

是属于自己家庭的人物，而家庭里所有的人物都是有意义的，即使他们从未见过的人亦如此。这样家庭便堕入一种团体生活的自私主义中去了，这自私主义不但是爱，而是自卫，而是对外的防御联盟。奚特写道："家庭的自私主义，其可憎的程度仅次于个人的自私主义。"我不完全赞成他的意见。家庭的自私主义固然含有危险，但至少是超出个人的社会生活的许多原素之一。

只是，家庭必得要经受长风的吹拂与涤荡。"每个家庭蕴藏着内在的特殊的烦恼……"我们已描写过家庭里的夜晚，肉体与精神都宽弛了，而每个人都回复了他的自然的动作。休息么？是的，但这种自由把人导向何处去呢？有如一切无限制的自由一样，它会导向一种使生活变得困难的无政府状态。阿仑描写过那些家庭，大家无形中承认，凡是一个人所不欢喜的，对于一切其他的人都得禁止，而咕噜也代替了真正的谈话：

"一个人闻着花香要不舒服，另一个听到高声要不快；一个要求晚上得安静，另一个要求早上得安静；这一个不愿人家提起宗教，那一个听见谈政治便要咬牙切齿；大家都得忍受相互的限制，大家都庄严地执行他的权利。一个说——

花可以使我整天头痛。

另一个说——

昨晚我一夜没有阖眼，因为你在晚上十一点左右关门的声音太闹了之故。"

"在吃饭的时候，好似国会开会时一般，每个人都要诉苦。不久，大家都认识了这复杂的法规，于是，所谓教育便只是把这些律令教给孩子们。"①

在这等家庭中,统治着生活的是最庸俗的一般人,正如一个家庭散步时,是走得最慢的脚步统治着大家的步伐。自己牺牲么?是的,但亦是精神生活水准的降低和堕落。证据是只要有一个聪明的客人共餐时,这水准会立刻重新升高。为什么?往常静悄悄的或只说一些可怜的话的人们,会变得神采奕奕呢!因为他们为了一个外来的人,使用了在家庭中所不愿使用的力量。

因此,家庭的闭关自守是件不健康的事。它应当如一条海湾一样,广被外浪的冲击。外来的人不一定要看得见,但大家都得当他常在面前。这外来人有时是一个大音乐家,有时是一个大诗人。我们看到在新教徒家庭里,人们的思想如何受着每天诵读的《圣经》的熏陶。英国大作家中,许多人的作风是得力于和这部大书常常亲接的结果。在英国,女子自然而然写作得很好,这或许亦因为这宗教作品的诵读代替了家庭琐细的谈话,使她们自幼便接触着伟大的作风之故。十七世纪法国女子如赛维尼夫人(Mme de Sévigné)、拉斐德夫人(Mme de La Fayette)辈亦是受着拉丁教育的益处。阿仑又言,若干家庭生活的危险之一,是说话时从不说完他的句子。对于这一点,我们当使家庭和人类最伟大的作品常常亲接,真诚的宗教信仰,艺术的爱好(尤其是音乐),共同的政治信念,共同合作的事业,这一切都能使家庭超临它自己。

---

① 见Alain:Propos sur le Bonheur。——原注

一个人的特殊价值，往往最难为他家庭中的人重视，并非因为仇视或嫉妒，而是家庭惯在另一种观点上去观察他之故。试读勃龙德姊妹的传记。只有父亲一人最不承认她们是小说家。托尔斯泰夫人固然认识托尔斯泰的天才；他的孩子们崇拜他，也努力想了解他。但妻子儿女，都不由自主地对他具有一切可笑的、无理的、习惯的普通人性格，和他的大作家天才，加以同样的看法。托尔斯泰夫人所看到的他，是说着"雇用仆役是不应当的"一类的话，而明天却出人不意地嘱咐预备十五位客人的午餐的人。

在家庭中，我们说过，可以还我本来，是的，但也只能还我本来而已。我们无法超临自己。在家庭中，圣者会得出惊，英雄亦无所施其技，阿仑说过："即令家庭不至于不认识我的天才，它亦会用不相干的恭维以掩抑天才的真相。"这种恭维并不是因为了解他的思想，而是感到家庭里出了一个天才是一件荣誉。如果姓张姓李之中出了一个伟大的说教者或政治家，一切姓张姓李的人都乐开了，并非因为说教者的言辞感动他们，政治家的改革于他们显得有益，而是认为姓张姓李的姓氏出现于报纸上是件光荣而又好玩的事。一个地理学家演讲时，若是老姑母去听讲，亦并非因为她欢喜地理学而是为爱侄子之故。

由此观之，家庭有一种使什么都平等化的平凡性，因了肉体的热情，否定了精神上的崇高，这一点足为若干人反抗家庭的解释。我以前虽引用过奚特在《尘世的食粮》（*Les Nourritures Terrestres*）一书中的诅咒："家庭，闭塞的区处，我恨你！"我并请你回忆一下他的《神童》（*Enfant Prodigue*）一书中长兄劝

弱弟摆脱家庭、回复自由的描写。可见即是在最伟大最优秀的人的生涯中，也有不少时间令人想到为完成他的使命起见，应得离开这过于温和的家，摆脱这太轻易获得的爱和相互宽容的生活。这种时间，便是托尔斯泰逃到寺院里以致病死的时间，也即是青年人听到"你得离开你的爸爸妈妈"的呼声的时间，也就是高更抛妻别子独自到泰伊蒂岛上去度着僧侣式画家生活的时间。我们之中，每个人一生至少有一次，都曾听到长兄的呼声而自以为神童。

我认为这是一种幻象。逃避家庭，即逃避那最初是自然的继而是志愿的结合，那无异是趋向另一种并不自然的生活，因为人是不能孤独地生活的。离开家，则将走向寺院，走向文学团体，但它们也有它们的宽容，它们的束缚，它们的淡漠呢。不然便如尼采一样走向疯狂。"在抽象的幻想中是不会觉得孤独的。"但如玛克-奥莱尔（Marc-Aurèle）①所说，明哲之道，并非是处于日常事务之外保守明哲，而是在固有的环境之下保守明哲。逃避家庭生活是容易的，可是徒然的；改造并提高家庭生活将更难而更美。只是有些时候，青年们自然而然看到家庭的束缚超过家庭的伟大，这是所谓"无情义年龄"。兹为作进一步的讨论起见，当以更明确的方法，研究家庭内部的世代关系。

我们已叙述过这世代关系在幼婴年龄的情状。在母亲方面，那是本能的，毫无保留的温柔；在儿童方面，则是崇拜与信赖：

---

① 公元2世纪时罗马皇帝，现译马可·奥勒留。

这是正常状态。在此我们当插叙父母在儿童的似乎无关重要的时期最容易犯的若干错误。最普通的是养成娇养的儿童，使儿童惯于自以为具有无上的权威，而实际上，他表面的势力只是父母的弱点所造成的。这是最危险不过的事。一个人的性格在生命之初便形成了。有无纪律这一回事，在一岁以上的儿童，你已替他铸定了。我常听见人家说（我自己也常常说）：

"大人对于儿童的影响是极微妙的；生就的性格是无法可想的。"

但在多数情形中，大人颇可用初期的教育以改造儿童性格，这是人们难得想到的事。对于儿童，开始便当使他有规律的习惯，因为凡是不懂得规律的人是注定要受苦的。人生和社会自有它们无可动摇的铁律。疾病与工作决不会造成娇养的儿童。每个人用他的犁锄，用他的耐性和毅力，开辟出他自己的路。可是娇养的儿童，生活在一个神怪的虚伪的世界之中；他至死相信，一颦一笑，一怒一哀，可以激起别人的同情或温柔。他要无条件地被爱，如他的过于懦弱的父母一样爱他。我们大家都识得这种娇养的老小孩。如那些因为有天才爬到了威权的最高峰的人，末了终于由一种极幼稚的举动把一切都失掉了。又如那些在六十岁时还以为眉目之间足以表现胸中块垒的女子。要补救这些，做母亲的必得在儿童开始对于世界有潜默的主要的概念时，教他懂得规律。

阿特莱医生（Dr. Adler）[①]曾述及若干母亲因为手段拙劣之

---

① 现译阿德勒医生。

故，在好几个孩子中间不能抱着大公无私的态度，以致对于儿童产生极大的恶影响及神经刺激。在多数家庭中，兄弟姊妹的关系是友爱的模型。但假若以为这是天然的，就未免冒失了。仇敌般的兄弟，是自有文明以来早就被描写且是最悲惨的局面之一，这悲剧且亦永无穷尽。儿童诞生时的次序，在他性格的形成上颇有重大作用。第一个孩子几乎常是娇养的。他的微笑，他的姿态，对于一对新婚的、爱情还极浓厚的夫妇，显得是新奇的魅人的现象。家庭的注意都集中于他。不要以为儿童自己是不觉得的；正是相反，他竟会把这种注意，这种中心地位，认作人家对他应尽的义务。

　　第二个诞生了。第一个所受的父母的温情，必得要和这敌手分享，他甚至觉得自己为了新生的一个而被忽视，他感到痛苦。做母亲的呢，她感到最幼弱的一个最需要她，这亦是很自然的情操。她看着第一个孩子渐渐长大，未免惆怅；把大部分的爱抚灌注到新生的身上去了。而对于那刚在成形的幼稚的长子，这确是剧烈的变动，深刻的悲哀，留下久难磨灭的痛苦的痕迹。儿童的情操甚至到悲剧化的程度。他们会诅咒不识趣的闯入者，祝祷他早死，因为他把他们所有的权威都剥夺了。有的想以怨艾的办法去重博父母的怜惜。疾病往往是弱者取胜的一种方法。女人用使人垂怜的法子，使自己成为她生活圈内的人群的中心，已是人尽皆知的事，但儿童也会扮演这种无意识的喜剧。许多孩子，一向很乖的，到了兄弟诞生的时候，会变得恶劣不堪，做出各式各种的丑事，使父母又是出惊又是愤怒；实在他们是努力要大人去重视他们。阿特莱医生确言（我亦相信如此），长子（或长女）的心理型，其终生都是可以辨识的。第一个生的常留恋以往；他是保守的，有时是悲哀的；他爱谈起他的幼年，因为那是他最幸福的时期。次子（或次女）却倾向于未来的追求，因为在未来他可以超越长兄（或长姊）。他常是破坏主义者，常是善于嘲弄的人。

最幼的季子，亦是一个娇养的孩子，尤其当他和长兄们年纪差得很远的时候，他更幸福，因为他所享的优遇永没有别的幼弟妹去夺掉他的了。他亦被长兄们优遇，他们此时抱着和父母差不多的长辈的态度。他是被"溺爱"的。这种孩子长大时，往往在人生中开始便顺利。能够有所成就，因为他有自信力；以后，和长兄长姊们一起生活时，他受着他们的陶冶而努力要迅速地追出他们；他本是落后的，必得要往前力追。①

父母在好几个孩子中间，应得把母爱和父爱极力维持平等。即使事实上不是如此（因为各个孩子的性格，其可爱的程度，总不免有所差别），也得要维持表面上的平等。且当避免使儿童猜着父母间的不和。你们得想一想，在儿童脑海中，父母的世界不啻神仙的世界，一旦在这世界中发现神仙会得战争时，不将令儿童大大难堪么？先是他们感到痛苦，继而是失去尊敬之心。凡是那些在生活中对任何事物都要表示反抗的男人或女人，往往在幼年时看到极端的矛盾，即父母们一面告诫他不要做某种某种

---

① 见阿特莱医生著：《儿童教育》。——原注

事,一面他们自己便做这种事。一个轻视她的母亲的女孩子,以后将轻视一切女人。一个专横的父亲,使他的儿女们,尤其是女儿,把婚姻看作一件可怕的苦役。"真能享受家庭之乐的父亲,能令儿女尊敬他,他亦尊敬儿女,尽量限令他们遵守纪律,可不过分。这种父母,永不会遇到儿女们要求自由独立的可怕的时间。"①童年到青年的过渡时期,得因了这种父母,为了这种父母,而以最小限度的痛苦度过。他们比着专暴的父母快乐多了。"没有丝毫专制而经温柔澄清了的爱,比任何情绪更能产生甘美的乐趣。"

以上所述,是应当避免的障碍。以下我们再来讨论世代的正常关系。

母子这一个社会,在人生中永为最美满的集团之一。我们曾描写女人如何钟爱幼龄的小上帝。在中年时,尤其当父亲亡故以后,他们的关系变得十分美满了,因为一方面是儿子对于母亲的尊敬;另一方面是母亲对于这新家长的尊重和对儿子天然的爱护。在古代社会或农业社会中,在母亲继续管理着农庄的情形中,上述那种美妙的混合情操更为明显。新家庭与旧家庭之冲突有时固亦不免。一个爱用高压手段的母亲,不懂得爱她的儿子,不能了解儿子以后的幸福在于和另一个女子保持着美满的协调:这是小说家们常爱采用的题材。洛朗斯,我们说过,传达此种情

---

① 见Bertrand Russell: *On Education*。——原注

境最为真切。例如 Génitrix 那种典型的母亲（在现实生活中，罗斯金夫人便是一个好例），能够相信她加于儿子的爱是毫无性欲成分的，实际上可不然。"当罗斯金夫人说她的丈夫早应娶她的母亲时，她的确说得很对。"而洛朗斯之所以能描写此种冲突如是有力，因为他亦是其中的一员之故。

母女之间，情形便略有不同了。有时能结成永久的友谊：女儿们，即使结了婚，亦离不开她们的母亲，天天继续着去看她，和她一起过生活。有时是相反，母女之间发生了一种女人与女人的竞争，或是因为一个年轻而美貌的母亲嫉妒她的娇艳的女儿长大成人，或是那个尚未形成的女儿嫉妒她的母亲。在这等情形中，自然应由两人中较长的一个，母亲，去防范这种情操的发生。

父爱则是一种全然不同的情操。在此，天然关系固然存在，但不十分坚强。不错，父亲之中也有如葛里奥①型的人物，但正因为我们容受母亲的最极端的表象，故我们把葛里奥型的父亲，认为几乎是病态的了。我们知道，在多数原始社会中，儿童都由舅父教养长大，以致父亲简直无关重要。即在文明的族长制社会中，幼儿教育亦由女人们负责。对于幼龄的儿童，父亲只是战士、猎人，或在今日是企业家、政治家，只在晚餐时分回家，且还满怀着不可思议的烦虑、计划、幻想、故事。

---

① 巴尔扎克小说中的主人翁，见前。

在杜哈曼（Duhamel）[①]的一部题作《哈佛书吏》（*Le Notaire du Havre*）的小说中，你可看到一个安分守己如蜜蜂似的母亲，和一个理想家如黄蜂似的父亲之间的对照。因为父亲代表外界，故使儿童想着工作。他是苛求的，因为他自己抱着大计划而几乎从未实现，故他希望儿子们能比他有更完满的成就[②]。如果他自己有很好的成功，他将极力压榨他的孩子，期望他们十全十美；然而他们既是人类，终不能如他预期的那样，于是他因了热情过甚而变得太严了。他要把自己的梦想传授他们，而终觉得他们在反抗。以后，有时如母女之间的那种情形，我们看到父与子的竞争；父亲不肯退步，不肯放手他经营的事业的管理权；一个儿子在同一行业中比他更能干，使他非常不快。因此，好似母子形成一美满的小集团般，父亲和女儿的协调倒变得很自然了。在近世托尔斯泰最幼的女儿，或是若干政治家外交家们的女儿成为她们父亲的秘书和心腹，便是最好的模型。

凡是在父母与子女之间造成悲惨的误解的，常因为成年人要在青年人身上获得只有成年人才有的反响与情操。做父母的看到青年人第一次接触了实际生活而发生困难时，回想到他们自己当时所犯的错误，想要保护他们的所爱者，天真地试把他们的经验传授给儿女。这往往是危险的举动，因为经验差不多是不能传授的。任何人都得去经历人生的一切阶段，思想与年龄必得同时演

---

① 法国现代名作家。
② 见Alain：Les Sentiments Familiaux。——原注

化。有些德性和智慧是与肉体的衰老关联着的，没有一种说辞能够把它教给青年。玛特里（Madrid）[1]国家美术馆中有一幅美妙的早期弗拉芒画，题作《人生的年龄》（Les Ages de la Vie），画面上是儿童、少妇、老妇三个人物。老妇伏在少妇肩上和她谈话，在劝告她。但这些人物都是裸体的，故我们懂得忠告是一个身体衰老的人向着一个身体如花似玉的人发出的，因此是白费的。

经验的唯一的价值，因为它是痛苦的结果，为了痛苦，经验在肉体上留下了痕迹，由此，把思想也转变了。这是实际政治家的失眠的长夜，和现实的苦斗；那么试问他怎么能把此种经验传授给一个以为毫不费力便可改造世界的青年理想家呢？一个成年人又怎么能使青年容受"爱情是虚幻的"这种说法呢？波罗尼斯（Polonius）的忠告是老生常谈[2]，但我们劝告别人时，我们都是波罗尼斯啊。这些老生常谈，于我们是充满着意义、回想和形象的。对于我们的儿女，却是空洞的、可厌的。我们想把一个二十岁的女儿变成淑女，这在生理学上是不可能的。伏佛那葛（Vauvenargues）[3]曾言："老年人的忠告有如冬天的太阳，虽是光亮，可不足令人温暖。"

由此可见，在青年人是反抗，在老年人是失望。于是两代之

---

[1] 西班牙京城，现译马德里。
[2] 波罗尼斯为莎士比亚剧中的一个人物，他对儿女们的劝告是以高贵著名的。——译者注
[3] 18世纪法国伦理学家，现译沃维纳格。

间便产生了愤怒与埋怨的空气。最贤明的父母会用必不可少的稚气来转圜这种愤懑之情。你们知道格罗台（Paul Claudel）[①]译的英国巴脱摩（Coventry Patmore，1823—1896）[②]的《玩具》（Les Jouets）一诗么？一个父亲把孩子痛责了一顿，晚上，他走进孩子的卧室，看见他睡熟了，但睫毛上的泪水还没有干。在近床的桌子上，孩子放着一块有红筋的石子，七八只蚌壳，一个瓶里插着几朵蓝铃花，还有两枚法国铜币，这一切是他最爱的，排列得很艺术，是他在痛苦之中以之自慰的玩具。在这种稚气前面看到这动人的弱小的表现，父亲懂得了儿童的灵魂，忏悔了。

尤其在儿童的青年时代，我们应当回想起我们自己，不要去伤害那个年龄上的思想、情操、性情。做父母的要有此种清明的头脑是不容易的。在二十岁上，我们中每个人都想："如果有一天我有了孩子，我将和他们亲近；我对于他们，将成为我的父亲对于我不曾做到的父亲。"五十岁时，我们差不多到了我们的父母的地位，做了父亲或母亲。于是轮到我们的孩子来希望我们当年所曾热切希望的了，变成了当年的我们以后，当他们到了我们今日的地位时，又轮到另一代来做同样虚幻的希望。

你们可以看到，在青年时期，伤害与冲突怎样地形成了所谓"无情义年龄"。在初期的童年，每人要经过一个可以称为"神话似的"年龄：那时节，饮食、温暖、快乐都是由善意的神仙们

[①] 法国现代大诗人，与梵莱梨齐名，现译克洛代尔。
[②] 现译帕特莫尔。

赐予的。外界的发现，必须劳作的条件，对于多数儿童是一种打击。一进学校，生活中又加添了朋友，因了朋友，儿童们开始批判家庭。他们懂得，他们心目中原看作和空气水分同样重要的人物，在别的儿童的目光中，只是些可怪的或平庸的人。"这是整个热情的交际的新天地。子女与父母的联系，即不中断，也将松懈下来。这是外界人战胜的时间，外人闯入了儿童的灵魂。"① 这亦是儿童们反抗的时间，做父母的应当爱他们的反抗。

我们曾指出一切家庭生活所必有的实际色彩与平板，即使宗教与艺术亦无法使它升华。青年人往往是理想主义者，他觉得被父母的老生常谈的劝告所中伤了。他诅咒家庭和家庭的律令。他所希望的是更纯粹的东西。他幻想着至高至大至美的爱。他需要温情，需要友谊。这是满是誓言、秘密、心腹的告白的时间。

且这也往往是失望的时间，因为誓言没有实践，心腹的告白被人欺弄，爱人不忠实。青年人处处好胜，而他所试的事情件件都弄糟了。于是他嫉恨社会。但他的嫉恨，是由他的理想的失望、他的幻梦与现实之不平衡造成的。在一切人的生活中，尤其在最优秀的人的生活中，这是一个悲惨的时期。青年是最难度过的年龄，真正的幸福，倒是在成年时期机会较多。幸而，恋爱啊，继而婚姻啊，接着孩子的诞生啊，不久使这危险的空洞的青年时期得到了一个家庭的实际的支撑。"靠着家庭、都市、职

---

① 洛朗斯语。——原注

业等等的缓冲，傲慢的思想和现实生活重新发生了关系。"[1]这样，循环不已的周圈在下一代身上重复开始。

　　为了这些理由，"无情义年龄"最好大半在家庭以外度过。在学校里所接触的是新发现的外界，而家庭，在对照之下，显得是一个借以托庇的隐遁所了。如果不能这样，那么得由父母回想他们青年时代的情况，而听任孩子们自己去学习人生。也有父母不能这样而由祖父母来代替的，因为年龄的衰老，心情较为镇静，也不怎么苛求，思想也更自由，他们想着自己当年的情况，更能了解新的一代。

　　在这篇研究中，我们得到何种实用的教训呢？第一是家庭教育对于儿童的重要，坏孩子的性格无疑地可加以改造，有时甚至在他们的偏枉过度之中，可以培养出他们的天才；但若我们能给予他一个幸福的童年，便是替他预备了较为容易的人生。怎样是幸福的童年呢？是父母之间毫无间隙，在温柔地爱他们的孩子时，同时维持着坚固的纪律，且在儿童之间保持着绝对一视同仁的平等态度。更须记得，在每个年龄上，性格都得转变，父母的劝告不宜多，且须谨慎从事；以身作则才是唯一有效的劝告。还当记得家庭必须经受大千世界的长风吹拂。

　　说完了这些，我们对于"家庭是否一持久的制度"的问题应得予以结论了。我相信家庭是无可代替的，理由与婚姻一样：因

---

　　[1] 见Alain：Id-es。——原注

为它能使个人的本能发生社会的情操。我们说过青年时离开家庭是有益的，但在无论何种人生中，必有一个时间，一个男人在经过了学习时期和必不可少的流浪生活之后，怀着欣喜与温柔的情绪，回到这最自然的集团中去。在晚餐席的周围，无论是大学生、哲学家、部长、兵士，或艺术家，在淡漠的或冷酷的人群中过了一天之后，都回复成子女、父母、祖父母，或更简单地说，都回复成人。

美好的人生

论友谊

夫妇与家庭，相继成为一切文明社会的基本原素，这个缘由，我们以前已经加以阐发了。我们说过，它们的重要性和必然性，是因为那些情操基于强固的本能之上，且能令人超越自私主义而学习爱。

现在我们要来研究一种全然不同的关系，其中智慧与情操驾乎本能之上而且统治了本能。这是维系两个朋友的关系。为何这新的关系亦是社会生活所少不了的呢？难道由本能发生的关系还不够么？难道夫妇与家庭，不能令人在最低限度的冲突之下找到他涉历人生时必不可少的伴侣么？

对于这一点，我们首先当解答的是：大多数人终生不知夫妇生活之能持久。为何他们逃避婚姻呢？多数是并未逃避，只没有遇到而已。我想，这是因为世界上女子较多于男子，故所有的女子在一夫一妻制度之下，不能各各选中一个丈夫。而且，只要一个人，不论男女，心灵和感觉稍稍细腻一些，便不能接受无论何种的婚姻。他对于伴侣的选择，自有他坚决的主见和癖好。有人会说："但在人生无数的相遇中，竟不能使每个人至少物色到一个使他幸福的对手，这无论如何是不可能的。"这却不一定。有些人过着那么幽密的隐遁生活，以致什么也闯不进他们的生活圈。还有些，则因偶然的命运置他们于一个性格思想全然不同的环境里之故，只觉得婚姻之弄人与可厌。

且也有并不寻找的人。早岁的受欺，肉体的恐惧，神秘的情意，终使他鄙弃婚姻。要有勇气才能发下这终生的盟誓；跳入婚姻时得如游泳家跳下海去一般。这勇气却非人人具有。有时，一个男人或女人，颇期望结婚，但他们所选择的她或他过着另外一种生活。于是，因了骄傲，因了后悔，因了怨望，他们终生死守着使他们成为孤独的一种情操。以后他们也许会后悔，因为他们虔诚地保守着的回忆已只是纯粹形式上的执拗。"昔日的心绪早已消逝。"但已太晚了。青春已逝，已非情场角逐、互相适应的时代了。我们会阐述夫妇生活之调和怎样地有赖于婉转顺应的柔性。独身者自然而然会变得只配过孤独生活而不能和另一个人过共同生活的人，即使愿意，他亦不能美满地做一个丈夫或妻子了。

对于这一般人，人生必得提供另一种解决方式。他们彻底的孤独生活简直是不近人情的，除了发疯以外，没有人能够忍受；他们在何处才能觅得抗御此种苦难的屏障呢？在幼年的家庭中么？我们已陈述过家庭不能助人作完满的发展，它的优容反阻挠

人的努力。一个只靠着家庭的老年独身者，其境况是不难想象的：巴尔扎克在《堂兄弟邦》（*Le Cousin Pons*）一书中，即研究这种关系含有多少不安定的、平庸的，有时竟是丑恶的成分。邦终于只靠了朋友而得救。

即是为那些组织家庭的人，为那个有很好的伴侣的丈夫或妻子，为那些与家长非常和睦的儿童，为有着一千零三个爱人的邓·璜也还需要别的东西。我们已看到，家庭啊，爱情啊，都不容我们的思想与情操全部表现出来，凡是我们心中最关切的事情，在家庭和爱情中都不能说。在家庭里，因为我们和它的关系是肉体的，非精神的，人们爱我们也太轻易了；在爱情中，则除了那些懂得从爱情过渡到友谊的人之外，两个相爱的人只是互相扮演着喜剧，各人所扮的角色也太美满了，不容真理的倾吐。这样，儿童、父母、丈夫、妻子、爱人、情妇，都在他们的心灵深处隐藏着多少不说出来的事情；尤其蕴藏着对于家庭、对于婚姻、对于父母、对于儿女的怨艾。

而凡是不说出来的东西，都能毒害太深藏的心灵，有如包藏在伤口下面的外物能毒害肉体的组织一般。我们需要谈话，需要倾诉，需要保存本来面目，并不像在家庭或爱情中徒在肉体方面的随心所欲，而尤其需要在智慧与精神方面能适心尽意。在向着一个心腹者倾诉的当儿，我们需要澄清秘密的情操与胸中的积愤；这知己将成为我们的顾问，即使他不愿表示意见，也能使这些秘密的怨恨变得较有社会性。因此我们在爱情之外应另有一种关系，在家庭之外应另有一个团体。这另一个团体便是和我们能自由选择的一个人的友谊或是和一个现在的或往昔的大师的默契。我们今日所要研究的便是这自由选择的、补充的家庭。

友谊是怎样诞生的呢？关于母爱，我们用不到提出这问题。这种爱是和婴孩一同诞生的；根本是纯粹的本能。关于性爱，答案也似乎不难。一瞥，一触，引起了欲愿和钦佩。"爱始于爱。"最真实的最强烈的爱情是最突兀的。"乳母啊，这青年是谁？如果他已娶妻，我唯有把坟墓当作我的合欢床了。"[①]爱情不靠道德的价值，不靠智慧，甚至也不靠所爱者的美貌。美丽的蒂太妮亚（Titania）曾俯伏在鲍东（Botton）的驴子似的头上[②]。爱情是盲目的，这句平凡的老话毕竟是真理。我们总觉得别人的爱情是不可解的。"她在他身上看到些什么呢？"所有的女人对所有的女人都要这样说。但在被不相干的人认为贫瘠的园地上，一种强烈的、压制不住的情操诞生了，因为有欲愿在培养它。

友谊的诞生却迟缓很多。初时，它很易被爱情窒息，有如一颗柔弱的植物容易被旁边的丛树压倒一样。拉·洛希夫谷曾言："大多数的女人所以不大会被友谊感动，是因为一感到爱情，友谊便显得平淡了之故。"平淡？可不，在友谊的初期，却是明澈得可怕。对于他或她，一个驴子似的头始终是驴子似的头。怎么能依恋驴子似的头呢？在头脑完全明澈的两人中间，既毫无互相

---

① 此系名剧 Roméo et Juliette 中，Juliette 见 Roméo 后与乳母语。——译者注
② 莎士比亚《一个仲夏夜的梦》（现译《仲夏夜之梦》）中的人物。——译者注

吸引的肉体的魅力，怎么能诞生友谊这密切的关系呢？

在有些情形中，这种关系是产生得极自然的，理由很简单，因为所遇到的人赋有难得的优点，而且人家也承认他的优点。因此，友谊颇有如霹雳般突然发生的时候。一瞥，一笑，一顾，一盼，在我们精神上立刻显示出一颗和我们声气相投的灵魂。一件可爱的行为，证实了一颗美丽的心灵。于是，和爱情始于爱情一样，友谊亦始于友谊。在此突兀的友谊中，选中的朋友亦不一定是高人雅士，因为优劣的判断也是相对的。某个少女可以成为另一个少女的心腹，同出，同游，而于第三者却只觉得可厌。如果因为偶然之故，先天配就的和谐居然实现了，友谊便紧接着诞生。

但除了例外，这样的相遇不常能发生持久的关系。婚姻制度帮助爱情使其持久，同样，甫在萌芽中的友谊亦需要一种强制。人心是懒惰的。倘使没有丝毫强制去刺激那甫在萌芽的情操，往往容易毫无理由地为了一些小事而互相感到厌倦。"她翻来覆去唠叨不已……她老是讲那些事情……他是易于生气的……她老是迟到……他可厌，她太会怨叹了……"这便需要强制了，学校、行伍、军队、船上生活、战时将校食堂、小城市里公务员寄膳所，在这一切生活方式中都含有家庭式的强制，而这是有益的。人们必须过着共同生活。这种必须，使人慢慢地会互相了解，终于互相忍受。"人人能因被人认识而得益"，我敢向你们提出这一条定理。

然而偶然发生的友谊并不必然是真正的友谊。亚倍·鲍那

（Abel Bonnard）[1]有言："人们因为找不到一个知己，即聊以几个朋友来自慰。"真正的友谊必须经过更严格的选择。蒙丹之于鲍哀茜（Boétie）[2]不但友爱，而且尊重、敬仰。他认出他具有卓越优异的心魂，使他能一心相许。一切男人，一切女子，对于所敬重的人可并不都能如是依恋。有的对于人家的优点感到嫉妒，不想仿效高贵性格的美德，而只注意于吹毛求疵。另有一般，因为怕自己经不起太明澈的心魂的批判，故宁愿和较为宽容的人厮混。

"凡是尚未憎恶人类的人，凡相信人群中还散处着若干伟大的灵魂，若干领袖的人才，若干可爱的心灵，而孜孜不倦地去寻访，且在访着之先便已爱着这些人的人，才配享受友谊。"

对于鲍那氏这种重视心理作用的见解，我愿附加一点。为使人能温柔地爱恋一个人起见，在这被爱者所有的优点之外更加上若干可爱的弱点亦非无益。人们不能彻底爱一个不能有时报以微笑的人。在绝对的完美之中，颇有多少不近人情的成分，令人精神上心灵上感到沮丧。他能令人由钦佩而尊敬，可不能获得友谊，因为他令人丧气，令人胆怯。一个伟大的人物，因为具有某种怪癖而使他近于人情，使我们感到宽弛，这是我们永远感激的。

我们对于友谊之诞生的意见，概括起来是：一个偶然的机

---

[1] 法国现代作家，现译阿贝尔·伯纳德。
[2] 法国16世纪文人，现译鲍埃西。

缘，一盼，一言，会显示出灵魂与性格的相投。一种可喜的强制，或一种坚决的意志更使这初生的同情逐渐长成以致确定。我们可以到达心心相印的地步的相契，胜于在精神上与外人相契的程度，可远过于骨肉至亲。这是友谊最初的雏形。

此刻，我愿更确切地推究一下，在这伟大的情操——有时竟和最美的爱情相埒的友谊，和更凡俗而不完全的"狎习"之间，究有什么区别。

拉·洛希夫谷说："所谓友谊，只是一种集团，只是利益的互助调节，礼仪的交换，总而言之，只是自尊心永远想占便宜的交易。"拉·洛希夫谷真是苛刻，或至少他爱自以为苛刻，但他在此所描写的，在人与人的关系中，正不是友谊。交易么？不，友谊永远不能成为一种交易，相反，它需求最彻底的无利害观念。凡是用得到我们时来寻找我们，而在我们替他尽过了力后便不理我们的人，我们从来不当作朋友看待的。

固然，要发觉利害关系不常是容易的事，因为擅长此种交易的人，手段是很巧妙的。"对于B君夫妇你亲热些吧……"丈夫说。"为什么？"妻子答道，"他们非常可厌，你又用不到他们……""你真不聪明，"丈夫说，"当他回任部长时我便需要他们了，这是早晚间事，而他对于在野时人家对他的好意更为感动。""不错，"妻子表示十分敬佩地说，"这显得更有交情。"——的确"这显得更有交情"，但决不是友谊。在一切社会中，两个能够互相效劳的人有这种交易亦是很自然的。大家互相尊敬，但互相顾忌的时候更多。大家周旋得很好。大家都记着账："他的勋章，我将颁给他，但他的报纸会让我安静。"

友谊是没有这种计算的，亦非两个朋友不能且不该在有机会时互相效劳，但他们对于这种行为，做得那么自然，事后大家都忘掉了，或即使不忘掉，也从不看作重要。你们当记得拉·风丹纳①（La Fontaine）贫困时，一个朋友请他住到他家里去，他答道："好，我去。"一个人是不应当怀疑朋友的。为人效劳之后，当避免觉得虚荣的快感。人的天性，常在看到别人的弱点时，感觉到自己的力强，在最真诚的怜悯之中，更混入一种不可言喻的温情。苛刻的拉·洛希夫谷又言："在我们最好的友人的厄运之中，我们总找到若干并不可厌的成分。"莫利亚克在《外省》（La Province）一书中说，我们很愿帮助不幸者，但不喜欢他们依旧保存着客厅里的座钟。

"只要你还是幸福的时光，你可有许多朋友；如果时代变了，你将孤独。"不，我们决不会在灾患中孤独的。那时不但恶人要表示幸灾乐祸，而那些当初因为你很幸福而不敢亲近你的其他的不幸者，此时亦会走向你，因为你亦遭了不幸，他们觉得与你更迫近了。可怜的雪莱，在还未成名时，较之煊赫一世的拜伦朋友更多。必得要有高尚的心魂，方能做一个共安乐的朋友而心中毫不存着利害观念。

因此，无利害观念成为朋友的要素之一，能够帮助人的朋

---

① 法国17世纪名作家，现译拉·封丹。

友，应当猜透对方的思虑，在他尚未开口之前就助他。"从趣味和尊敬方面去看待朋友是甜蜜的，但从利害方面去交给他们便显得难堪，这无疑是干求了。"那么，当他们需要我们尽力时，我们预先料到他们的需要而免得他们请求了吧。财富与权力，其唯一的、真实的可爱处，或许即在我们能运用它们来使人喜欢这一点上。

在无利害观念之外，互相尊敬似乎是友谊的另一要点。"真的么？"你会问。"然而，我颇有些朋友为我并不敬重而确很爱好的，敬与爱当然不同，且我对他们亦老实说我不敬重他们。"我认为这是一种误解，尤其是不曾参透实际的思想。实在我们都有一般朋友，我们对他们常常说出难堪的真理，且没有这种真诚也算不得真正的友谊。但有些批评，在别人说来会使我们动怒而在朋友说来我们能够忍受，这原因岂非是我们知道在批评之外，他们在许多更重要的地方敬重我们么？所谓敬重，并非说他们觉得我们"有德"，也不是说他们认为我们聪明。这是更错杂的一种情操。把我们的优点和缺点都考量过了之后，他们才选择我们，且爱我们甚于他人。

唯有尊敬方能产生真诚，这是应当明白的要点。凡是爱我们、赞赏我们的人所加之于我们的，我们都能忍受；因为我们能接受他的责备而不丧失自信（万一丧失了这自信，我们便生活不下去）。著作家中间的美满的友谊，也就靠这种混合的情操维持。蒲伊莱（Louis Bouilher）[①]对于弗罗贝作最严酷的批评，

---

① 法国19世纪诗人兼剧作家t，现译路易-布耶。

可不损伤他的尊严,因为他把弗罗贝当作大师,弗罗贝亦知道这点。但我们得提防另一种"真诚的朋友",他们的真诚只使我们丧气,他们的顾虑只使我们提防人家说我们的坏话,而对于好的方面似乎聋子一般全听不见。也得提防多疑的朋友,我们对他的敬爱,他不能一次明白了便永远明白,也不懂得人生是艰辛的,人是受着意气支配的,他老是观察我们,把我们的情操、烦躁、脾气的表现都当作有意义的征象。多疑的人永远不能成为好朋友。友谊需要整个的信任:或全盘信任,或全盘不信任。如果要把信心不断地分析、校准、弥缝、回复,那么,信心只能加增人生的爱的苦恼,而绝不能获得爱所产生的力量和帮助……但若信心误用了又怎样呢?也没有关系;我宁愿被一个虚伪的朋友欺弄而不愿猜疑一个真正的朋友。

毫无保留的信任是否亦含有倾诉全部心腹的意思?我想不如此不能算真正的友谊。我们说过,交友目的之一,在于把隐藏在心灵深处的情操在社会生活中回复原状。如果朋友所尊敬的不是我们实在的"我",而是一个虚幻的"我",那么这种尊敬于我们还有什么价值?只要两个人在谈话时找不到回忆的线索,谈话便继续不下去。只要你往深处探测,触到了心底的隐秘,它便会如泉水般飞涌出来。在枯索的谈话中忽然触及了这清新的内容,确是最大的愉快。只是,机密的倾吐不容易承当。要有极大的机警方能保守住别人的心腹之言。在谈话中,抉发大家所不知道的机密在人前炫耀,是很易发生的事。当自己的心底搜索不出什么时,人们会试用难得的秘闻来打动人。于是,人家的秘密被泄露了,即使他实在并不想泄露。

"没有一个人,在我们面前说我们的话和在我们背后说的会相同。人与人间的相爱只建筑在相互的欺骗上面,假使每个人知道了朋友在他背后所说的话,便不会有多少友谊能够保持不破裂的了。"这是柏斯格(Pascal)[1]的名言。普罗斯德也说,我们之中,如有人能够看到自己在别人脑中的形象时定会惊异。我可补充一句说:即看到自己在爱他的人的脑中的形象时也要惶惑。因此,狡猾之辈不必撒谎,只要把真实的但是失检的言语重述一下,便足使美满的情操解体。

对于这种危险的补救方法,可列举如下:

一、有些心腹之言,其机密与危险的程度,只能对在职业上负有保守秘密之责的人倾吐,即使教士、医生,我愿再加上小说家,因为小说家能以化装的形式用艺术来发泄,故在现实生活中往往能谨守秘密。

二、对于报告某个朋友如何说他,某个朋友又如何说他的人,不论那些话足以使他难堪或使他与朋友失和,应该一律以极严厉的态度对付他。在这等情形中,最好的办法不是和说他如何如何的人(这些话往往是无从证实的)决裂,而是与报告是非的人翻脸。

三、应当在无论何种的情形之下卫护你的朋友,这并非否认确切的事实,因为你的朋友不是圣者,他们有时能够犯极重大的

---

[1] 17世纪法国思想家,著名文人,现译帕斯卡尔。

过失；但你只须勇敢地说明你根本是敬重他的，这才是唯一的要着。我认识一个女子，有人在她面前攻击一个她引为知己的人时，她简单地答道："这是我的朋友。"便拒绝再谈下去。我认为这才是明智。

由此，我们归结出下列重要观念，即友谊如爱情一样需要一种誓约。鲍那所下的定义即是如此："友谊是我们对一个人物的绝对的选择，他们的天性是我们选择的根据，我们一次爱了他，便永远爱他。"阿仑的定义亦极相似："友谊是对于自己的一种自由的幸福的许愿，把天然的同情衍为永远不变的和洽，超出情欲、利害、竞争和偶然之上。"

他又言："且还需有始终不渝的决心。否则将太轻易了。"一个人翻阅他的友人名录将如看时钟一般，爱与不爱仿如感到冷热一般随便。实利主义的人说，我们的情操是一种事实。他们的友谊契约是这样订的："当我是你的朋友时，我是你的朋友；这是趁着意气的事情，我不负任何责任。一天，也许是明朝，我会觉得你于我无异路人，那时我将告诉你。"无论何处，这种措辞总表示人们并不相爱。不，不，绝对没有条件，一朝结为朋友，便永远是朋友了。伦理家会说："怎么？如果你的朋友做了恶事，下了狱，上了断头台，你还是爱他么？"是啊……看那史当达所描写的于利安（Julien）①的朋友，伏格（Fouque），不是一直送他上断头台么？还有吉伯林的那首《千人中的一人》的诗：

---

① 史氏名著《红与黑》中的主角（现译于连）。

美好的人生

千人中之一人，苏罗门说，会支撑我们胜于兄弟。

这样的人，我们去寻访吧，即使二十年也算不得苦，如果能够寻到，二十年的苦还是极微。

九百九十九人是没决断的，所见于我们的仍与世俗无异。

但千人中之一人却爱他的朋友，即在大众在朋友门前怒吼的时候。

礼物与欢乐，效劳与许愿……我们决非交给他这些。

九百九十九人批判我们，依着我们的财富或光荣。

是啊……噢，我的儿子！如你能找到他，你可远涉重洋不用胆怯，

因为千人中之一人会跳下水来救你，

会和你一同淹溺，如他救你不起。

如果你用了他的钱，他难得想起，

如果他用尽了你的，亦非为恨你，

明天他仍会到你家里谈天，没有一些怨艾的语气，

九百九十九个伪友，金啊银啊，一天到晚挂在口边，

但千人中之一人，决不把他所选的人给恶神做牺牲。

他的权利由你承受，你的过失由他担负，

你的声音是他的声音，他的屋檐是你的住家。

不论他在别处有理无理，我愿你，噢，我的儿子，将他维护。

九百九十九个俗人,见你倒运见你可笑即刻逃避,

但千人中之一人,和你一同退到绞台旁边,也许还要往前。

这是一千个男人中的一个……亦是一千个女子中的一个,有没有呢?我们且来辨别两种情形:女人和女人的友谊,男人和女人的友谊。

女人之能互相成为朋友,是稍加观察便可证明的。但可注意一点:青年女子的友谊往往是真正的激情,比着青年男子的友谊更多波折,而且对抗敌人的共谋性质与秘密协定的成分,也较男子友谊为多。所谓敌人是没有一定的,往往是家庭;有时是另一组少女;有时是男子,她们常把所有的男子当作敌对的异族,认为全体女子应当联合一致去对付。这种共谋为协助行为,我想是因为她们较弱之故,也因为长久以来被社会约束过严之故。十九世纪时,一个少女的最亲切的思想,在家庭里几乎一点也不能说。她需要一个知己。巴尔扎克的《两个少妇的回忆录》即是一例。

如果结婚的结果很好,婚姻便把少女间的友谊斩断了,至少在一时间内是如此。两种同等强烈的情操是不能同时并存的。如果婚姻失败,心腹者便重新担任她的角色。共谋的事情又出现了,不复是对抗家庭而是对抗丈夫了。不少女子终生忠于反抗男子群的女子连锁关系。这连锁关系是坚固的,除非到了她们争夺同一男子的关头。眼见一个女友和自己也极愿爱恋的男子过着幸

福的生活时，若要能够忍受而毫无妄念，真需要伟大的精神和对于自己的幸福确有自信才行。有些女子，当然因为情意终较为低弱之故，往往在这等情景中禁不住有立刻破坏他们、取而代之的念头。这时候，她们的追逐男子，已非为男子本身，而是为反抗另一个女人。这种情操的变幻，使女子在一个爱情作用并不占据如何重要位置的社会里较易缔结友谊。美国的情形便是如此。在美国，男子对于女子远不如欧洲人那么关切。爱的角逐在美国人生活中占着次要的位置，故女子们缔结友谊的可能性较大。

如果是知识和心灵都有极高价值的女子，当然能够缔结美满的友谊。拉斐德夫人和赛维尼夫人①便是好例，她们从青年到老死，友谊从未发生过破裂，情爱亦未稍减。她们中偶有争论，亦不过为辩论两者之间谁更爱谁的问题而已。赛维尼夫人的女儿，格里南夫人，因此非常嫉妒。在一般情形中，家庭对于过分热烈的友情总是妒忌的。这也很易了解。朋友是一个与家庭敌对的心腹，不问这朋友是男性或女性。在结婚时女人使丈夫与朋友失和是屡见不鲜的事。只是，如我们在论及婚姻问题时所说的那样，有一种纯粹男性典型的谈话，只吸引男人而几乎使所有的女子感到厌倦，且这无异是对于友谊的奇特的播弄。自有戏剧作家以来，凡是做丈夫的能和妻子的情人发生友谊这一回事，总是讽刺的好题目。这是滑稽的么？无疑的，在这两个男人之间，比着情人与情妇之间，可谈的东西较多。他们诚心相交，且情人与情妇

---

① 法国17世纪著名女子。

的关系往往亦是因为有丈夫在面前方才维系着的。一朝丈夫不愿继续担任居间者的角色时，或出外远行或竟离婚了时，一对情人的关系也立刻破灭了。

于是，我们便遇到难题了：男女之间的友谊是不是可能的？能否和男子间最美满的友谊具有同样的性质？一般的意见往往是否定的。人家说：在这等交际中怎会没有性的成分？假如竟是没有，难道女人（即使最不风骚的）不觉得多少受着男子的慑服么？一个男子，若在女子旁边过着友谊情境中所能有的自由生活而从不感到有何欲念，亦是反乎常态的事；在这等情形中，情欲的机能会自动发生作用。

且为了要征服女子之故，男人不真诚了。嫉妒的成分也渗入了，它把精神沟通所不可或缺的宁静清明的心地扰乱了。友谊，需要信任，需要两人的思想、回忆、希望之趋于一致。在爱情中，取悦之念替代了信任心。思想与回忆经过了狂乱与怯弱的热情的渗滤。友谊生于安全、幽密与细腻熨帖之中，爱情则生存于强力、快感与恐怖之中。"朋友的失态，即情节重大亦易原谅，恋人的不贞，即事属细微亦难宽恕。"友谊的价值在于自由自在的放任，爱情却充满着惴惴焉唯恐失其所爱的恐惧。谁会在狂热的激情中顾虑到谅解、宽容与灵智的调和呢？唯有不爱或现已不爱的人才是如此。

关于这，人家很可拿实例来回答我们。在文学史上，在普通的历史上，尽有男女之间的最纯粹的友谊。不错，但这些情形可以归纳到三种不完全的虚幻的类别中去。

第一类是弱者的雏形的爱,因为没有勇气,故逗留在情操圈内。普罗斯德着力描写过这些缺乏强力的男子,被女人立刻本能地窥破了隐衷,相当敬重他们,让他们和她做伴。对于这般传奇式的人,她们亦能说几句温柔的话,有若干无邪的举动。她们称之为她们的朋友,但她们终于为了情人而牺牲他们。你们可以想起卢梭、姚贝(Jourbet)[1]、亚米哀(Amiel)[2]等的女友。

有时,女子也可能是一个传奇式的人;在这情形中,可以形成恋爱式的友谊。最显著的例是雷加弥爱夫人(Mme Récamier,现译雷卡米埃夫人)的历史。但这些蒙上了爱的面具的友谊亦是暗淡得可怜。

第二类是老年人想从友谊中寻求慰藉,因为他们已过了恋爱的年龄。老年是最适合男女缔结友谊的时期。为什么?因为他们那时已不复为男人或女人了。卖弄风情啊,嫉妒啊,于他们只存留着若干回忆与抽象的观念而已。但这正足以使纯粹精神的友谊具有多少惆怅难禁的韵味。

有时,两个朋友中只有一个是老年人,于是,情形便困难了。但我们亦可懂得,在已退隐的曾经放浪过的青年们中间(如拜伦与曼蒲纳夫人),在彻悟的老年人和少妇之间(如曼蒲纳勋爵与维多利亚王后),很可有美满的友谊。不过,两人中年纪较长的一个,总不免感到对方太冷淡的苦痛。实在这种关系也不配

---

[1] 18世纪作家,现译儒贝尔。
[2] 19世纪作家,现译阿米耶尔。

称为友谊，因为一方面是可怜的恋爱，另一方面是虽有感情却很落寞。

在第三种周圈内，另有一种甜蜜而单调的情绪，即是那些过去的恋人，并未失和而从爱情转变到友谊中去的。在一切男女友谊中，这一种是最自然的了。性的高潮已经平息，但回忆永远保留着整个的结合，两个人并非陌生的。过去的情操，使他们避免嫉妒与卖弄风情的可怕的后果；他们此刻可在另一方式中自由合作，以往的相互的认识更令他们超越寻常的友谊水准。但即在这等场合，我们认为，就是男女间的友谊是可能的话，亦含有与纯粹友谊全然不同的骚乱的情操。

以上是伦理学家对于"杂有爱的成分的友谊"的攻击。要为之辩护亦非不可能。以欲念去衡量男女关系实是非常狭隘的思想。男女间智识的交换不但是可能，甚至比男人与男人之间更易成功。歌德曾谓："当一个少女爱学习，一个青年男子爱教授时，两个青年的友谊是一件美事。"人家或者可以说，这处女的好奇心只是一种潜意识的欲念化装成智识。但又有什么要紧，如果这欲念能刺激思想，能消灭虚荣心！在男女之间，合作与钦佩，比着竞争更为自然。在这种结合中，女人可毫无痛苦地扮演她的二重角色，她给予男人一种精神的力，一种勇气，为男人在没有女友时从来不能有的。

如果这样的智识上的友谊，把两个青年一直引向婚姻的路上，也许即是有热情的力而无热情的变幻的爱情了。共同的作

业赋予夫妇生活以稳定的原素；它把危险的幻梦消灭了，使想象的活动变得有规律了，因为大家有了工作，空闲的时间便减少。我们曾描写过，不少幸福的婚姻，事实上，在数年之后已变成了真正的友谊，凡友谊中最美的形式如尊敬，如精神沟通，都具备了。

即在结婚以外，一个男人和一个女人互相成为可靠的可贵的心腹也绝非不可能。但在他们之中，友谊永不会就此代替了爱情。英国小说家洛朗斯有一封写给一个女子的奇怪的残酷的信。这女子向他要求缔结一种精神上的友谊，洛朗斯答道："男女间的友谊，若要把它当作基本情操，则是不可能的……不，我不要你的友谊，在你尚未感到一种完全的情操，尚未感到你的两种倾向（灵与肉的）融合一致的时候，我不要如你所有的友谊般那种局部的情操。"

洛朗斯说得有理，他的论题值得加以引申。我和他一样相信，一种单纯的友谊，灵智的或情感的，决不是女人生活中的基本情操。女人受到的肉体的影响，远过于她们自己所想象的程度。凡她们在生理上爱好的人，在她们一生永远占着首位，且在此爱人要求的时候，她一定能把精神友谊最完满的男友为之牺牲。

一个女子最大的危险，莫过于令情感的友谊扮演性感的角色，莫过于以卖弄风情的手段对待一个男友，用她的思想来隐蔽她的欲念。一个男子若听任女子如是摆布，那是更危险。凡幸福的爱情中所有对于自己的确信，在此绝找不到。梵莱梨有言：

"爱情的真价值，在能增强一个人全部的生命力。"纯粹属于灵的友谊，若实际上只是爱的幻影时，反能减弱生命力。男子已迫近"爱的征服"，但猜透其不可能，故不禁怀疑自己，觉得自己无用。洛朗斯还说："我拒绝此种微妙的友谊，因为它能损害我人格的完整。"

男女友谊这错杂的问题至少可有两种解决。第一种是友谊与爱情的混合，即男女间的关系是灵肉双方的。第二种是各有均衡的性生活的男女友谊。这样，已经获得满足的女子，不会再暗暗地把友谊转向不完全的爱情方面去。洛朗斯又说："要，就要完全的，整个的，不要这分裂的、虚伪的情操，所有的男子都憎厌这个，我亦如此。问题在于觅取你的完整的人格。唯如此，我和你的友谊才是可能，才有衷心的亲切之感。"既然身为男子与女子，若在生活中忘记了肉体的作用，始终是件疯狂的行为。

此刻我们只要研究友谊的一种上层形式了，即是宗师与信徒的关系。刚才我们曾附带提及，尽情地倾诉秘密不是常常可能的，因为友谊如爱情一般，主动的是人类，是容易犯过的。故人类中最幽密最深刻的分子往往倾向于没有那么脆弱的结合，倾向于一个无人格性的朋友，对于这样的人，他才能更完满更安全地信赖。

我们说过，为抚慰若干痛苦与回忆起见，把那些痛苦与回忆"在社会生活中重新回复一下"是必要的。大多数的男女心中都有灵与肉的冲突。他们知道在社会的立场上不应该感到某种欲念,但事实上他们确感到了。人类靠着文明与社会,把可怕的天然力驯服了,但已被锁住的恶魔尚在牢笼中怒吼,它们的动作使我们惶惑迷乱。我们口里尽管背诵着法律,心里终不大愿意遵守。

不少男女,唯有在一个良心指导者的高尚的、无人格性的友谊中,方能找到他们所需要的超人的知己。对于那些没有信仰的人,唯有医生中一般对于他们的职业具有崇高的观念之士能够尽几分力。医生以毫无成见的客观精神谛听着一个人的忏悔,即骇人听闻的忏悔亦不能摇动他的客观,使人能尽情倾诉也就靠着这一点。杨格(Jung)医生曾谓:"我绝非说我们永远不该批判那些向我们乞援的人的行为。但我要说的是,如果医生要援助一个人,他首先应当从这个人的本来面目上去观察。"我可补充一句说,医生,应当是一个艺术家而运用哲学家与小说家的方法去了解他的病人。一个伟大的医生不但用肉体来治疗精神,还用精神去治疗肉体。他亦是一个真正的精神上的朋友。

对于某些读者,小说家亦能成为不相识的朋友,使他们自己拯救自己。一个男子或女子自以为恶魔,他因想着自己感有那么罪恶那么非人的情操而自苦不已。突然,在读着一部美妙的小说时,他发现和他相似的人物。他安慰了,平静了,他不复孤独了。他的情操"在社会生活上回复了",因为另一个人也有他那种情操。托尔斯泰和史当达书中的主人翁援助了不知多少青年,使他们渡过难关。

有时,一个人把他思想的趋向,完全交付给一个他认为比他高强的人的思想。他表示倾折，他不愿辩论了；那么，他不独得了一个朋友，且有了一个宗师。我可和你们谈论此种情操，因为我曾把哲学家阿仑当作宗师。这是什么意思呢？对于一切问题我都和他思想相同么？绝对不是。我们热情贯注的对象是不同的，而且在不少重要问题上我和他意见不一致。但我继续受他思想的滋养，以好意的先见接受它的滋养。因为在一切对于主义的领悟中，有着信仰的成分。选择你们思想上的宗师吧，但你一次选定之后，在驳斥他们之前，先当试着去了解他们。因为在精神友谊中如在别的友谊中一样，没有忠诚是不济事的。

靠着忠诚，你能与伟大的心灵为伴，有如一个精神上的家庭。前天，人家和我讲起格勒诺勃尔（Grenoble）[①]地方的一个木商，他是蒙丹的友人；他出外旅行时，从来不忘随身带着他的宗师的一册书。我们也知道夏多勃里安、史当达等死后的友人。不要犹疑，去培植这种亲切的友谊吧，即使到狂热的程度亦是无妨。伟大的心灵会带你到一个崇高的境界，在那里你将发现你心灵中最美最善的部分。为要和柏拉图、柏斯格辈亲接起见，最深沉的人亦卸下他们的面具。诵读一册好书是不断的对话，书讲着，我们的灵魂答着。

有时，我们所选的宗师并非作家、哲学家，而是一个行动者。在他周围，环绕着一群在他命令之下工作着的朋友。这些工作上的友谊是美满的，丝毫不涉嫉妒，因为大家目标相同。他

---

① 法国东南名城。

们是幸福的，因为行动使友谊充实了，不令卑劣的情操有发展的机会。晚上，大家相聚，互相报告日间的成绩。大家参与同一的希望，大家得分担同样的艰难。在军官和工程师集团中，在李渥蒂（Lyautey）[1]和罗斯福周围，都可看到此种友谊。在此，"领袖"既不是以威力也不是以恐惧来统治，他在他的方式中亦是一个朋友，有时是很细腻的朋友，他是大家公认而且尊敬的倡导者，是这美满的友谊集团的中心。

以前我们说过要使一个广大的社会得以生存，必得由它的原始细胞组成，这原始细胞先是夫妇，终而是家庭。在一个肉体中，不但有结膜的、上皮的纤维，且也有神经系的、更错杂的、有相互连带关系的细胞，同样，我们的社会，应当看作首先是由家庭形成的，而这些家庭又相互联系起来，有些便发生了密切的关系，因了友谊或钦佩产生一种更错杂的结合。这样，在肉的爱情这紧张的关系之上，灵的爱更织上一层轻巧的纬，虽更纤弱，但人类社会非它不能生存。现在，你们也许能窥探到这爱慕与信任的美妙的组织了，它有忠诚的维护，它是整个文明的基础。

---

[1] 大战时法国名将之一，现译利奥泰。

论政治机构与经济机构

婚姻与家庭，虽然有时间和空间的变化，究还是相当稳定的制度。反之，我们的政治制度和经济制度则是摇摇不定的了。本能原有必然适应的自动性，在此亦给过于新奇的情景弄迷糊了。我们这个时代，物理学家和化学家可以在几十天内使风尚与贸易为之骚乱。人类感着贫穷的痛苦。他们缺少米麦，缺少衣服，没有住屋，没有交通。许多新奇的力量发现之后，使人类得有以少数劳作获得大量生产的方法。这种征服应该是幸福的因素了。但社会只能极迟缓地驾驭他们的新增力量。因了精神和意志特别衰弱之故，我们在充实的仓廪之前活活饿死，在阒无人居的空屋前面活活冻死。我们知道生产，可不知分配。我们所造所铸的货币把我们欺妄了，束缚了。有如在小车时代建造的木桥给运货汽车压坍了一样，我们为简单社会设计的政治制度，担当不起新经济的重负，得重造的了。

但若相信这再造的大业可以很快地完成的话,便犯了又危险又幼稚的大错误了。几个夜晚可以草成一个计划,但要多少年的经验、修改、痛苦,才能改造一个社会。没有一个人类的头脑,能把种种问题的无穷的底蕴窥测周到;更没有人能预料到答案与前途。一八二五年时,当欧罗巴处在和今日同样可怖的危难中奋斗,当暴动的工人捣毁机器的时候,亦无法预料到五十年后欧洲所达到的平衡状态是怎样一回事。那时所能预料的,一个麦考莱(Macauley)[①]所能预言的,只是此种平衡状态必能觅得而已。

现在我们可以抱着同样的信念。人类的历史没有完呢,它才开始。接着近百年来科学发现而来的,定将是因科学发现而成为必要的社会改革。但这脱胎换骨的适应,将很迟缓。我们且试作初步的准备,先来研究一下我们的形势。

一

现代国家,不论是何种政制,专制也好,寡头政治也好,孟德斯鸠所研究的民主政治也好,其特点是经济作用到了统治一切的程度。凡是往昔由私人经济担当的种种任务,今日都由国家担负了。我们得追究这权力是怎样转移的。

自由经济的世界,如在十九世纪末期的法兰西还能看到的,是由乡村的坚实的机构促成的。那时,在全地球,在无数的企业中,银行、农庄、商号、小店,人们到处在追求财富。他们追求

---

① 19世纪英国政治家兼史家,现译作麦考利。

时并无什么全盘的计划，但这千千万万的人的情欲、需求、冒失的总和，居然把平衡状态随时维持住了。不景气的巨潮并非没有，它亦和今日一样带着大批的灾祸而俱来：失业、破产、倾家，但巨潮的猛烈之势很快有了挽救之方。每个企业的领袖，研究着以前的不景气潮起伏之势，参考着自己和长一辈人的回忆，懂得从前物价曾低落到使人人可以毫无顾虑地购买的程度。在法国为数最多的家庭旧企业中，人们对于这些周期的风浪并不十分害怕。船在大海中把得很稳，亦并不装载过于沉重的资本。在那时代经营家庭工业的人看来，向银行借款是一桩罪恶。如果遭到了这种灾祸，便把家庭生活极力紧缩，直到漏卮填塞了为止。事业的需要胜过人类的需要，或说得准确些，是人和事业合为一体，必须事业繁荣，人类方得幸福。那时代，一个人对于事业的忠诚，竟带着一种神秘色彩，也即是这一点造成了事业的势力与光华。事业的忠诚和职业上的荣誉，是当时法国最普遍的美德。

里昂、罗贝（Roubaix）①、诺尔曼堤（Normandie）②各处的大店主，从没想到和同业联合起来以消灭竞争，更未想到在经济恐慌时要依赖国家救济。竞争者即是敌人，如果他在社交中——那时也很少——遇到他们，他说话亦很勉强，很留神。和州长、部长的关系，也不过在罢工时请求他们保护工厂而已。反之，国家亦难得注意经济问题。党派之分野，多半是为思想，很少为利

---

① 法国北部织造业中心，现译作鲁贝。
② 法国北方区域，现译作诺曼底。

害关系。经济生活自有个人的反应支持着，这些反应，因为直接受制于极单纯的本能之故，自会应运而生。

多数重要的事业，都由此社会的自然生活承担着。举一个例子来说，在大半的工业城中，法国专门教育是由那些义务教员借着公共场所组织成的。互助协会的会长与司库只是中等阶级的人，他们于星期日到会工作，计算账目，可毫无报酬；这样，他们使国家不费一钱得有社会保险组织，虽然不完全，但是自动的，诚实的，可靠的。在英国与美国，私人建设在国家生活上所占的地位更为重要。大学有着自己的财产，医院亦是独立的。

无限公司的发达，成为近代经济生活中第二阶段的特点，但亦和第一阶段的若干重要原素同时并存。股份公司使没有资产的人亦能集合资本去购买近代技术所需的价值日昂的机器。它使下层民众亦能参加大企业。但它所优惠的只是无数庞大的事业，到处都是股东而没有负责的领袖。

不久，因股票的发行、购买、转让而产生的利益，竟超过了工厂、矿产与一切实在的事业。商业变成抽象的买卖，和人类困苦艰难的作为更无丝毫关联。实业家、商人、农夫，在一生所能积聚的财产，一向是被他们的工作与监督的力量限制着的，至此，商业组合，股票转让，笔尖一挥所能挣得的钱财变成没有限制的了。应当看一看数字。在美国，二百家公司共同支配着六百万万美金，合九千万法郎，等于全国财富总额百分之三十四，而这二百家公司的行政人员和参与种种会议的人还不满一千。据最近调查，证明这些人中至少有一部分丝毫不顾他们所管理着的企业的利益。他们以自己的证券做投机事业，操纵着贷借对照表以减少股东的利益，造出虚伪的亏损以逃避法律规定的税则。在他们前面，一个中等人士如果想作一些小小的投资时，便毫无力量，毫无凭借。慕索里尼曾经说过："资本主义的企业，从百万转到亿兆的时候，已变成妖魔般的东西了。企业规模之巨大，超过了人的能力：以前是精神控制着物质，此刻是物质控制着精神了。原是正常的生理状态现在变为病理状态了。"

特别是大战以来，尤其在美国、德国，经济世界显得如一个神话似的，云端里的世界，全给几个妖魔统治着。自然的反应因企业集中而消灭了。获利的欲念胜过了职业上的荣誉观念。有些地方，国家试着保护生产；有些地方，试着限制生产；投机家因愚昧之故，竭力把经济危机延宕着不让它爆发，不知这更增强了爆发时的猛烈之势。本能，在从前是颇有力量的，此刻亦失掉功用。假如你把一群海狸迁居到图书馆里去，它们只能把书籍来筑堤，这种堤是毫无用处的。同样，俭约的人拼命积聚钱财，而纸钞却在他手中渐渐解体，化为乌有。社会尽管牵伸着做出若干动作，表示它还有"垂死之生"，但在受害最烈的地方，麻痹的症候已蔓延到巨灵的全部关节中去。

若果大企业的主持者能够谨慎将事，能够保持规律，则自然反应的缺乏亦不致如是牵动大局。人们可以假定一种由自然的经济领袖统治的经济。领袖中明智之辈即曾探求过此种经济的法则。但其余大多数人，赋有封建思想，宁愿战斗，不爱安全。即以美国而论，垣街（即华尔街）的主人翁听让大众投入一九三〇

年的金价高潮中去，既不制止，亦不警告。他们却在谣言之上加上谣言。他们漫无限制地贷款给外国，毫不研究归还的可能性。他们使购买国结合起来，使自己的放款无法收回，把买主变成了竞争者。他们甚至不曾清查克莱葛（Kreuger）①的账目。罗斯福总统的一个顾问，曾谓美国最迫切的需要之一，乃是创立一所银行家学校。

当那些妖魔自认无法阻止他们的魔宫崩圮时，他们、他们的职工和主顾，自然而然齐向国家求援。是国家应当运用权力保护他们，使人家订他们的货，设立机关安插他们，操纵货币以结束经济恐慌，以公家的组织代替私人制度。第三阶段，乞援于国家的阶段，因大众的需求和资本家的卸职而临到了。

在此种历程之初，在孟德斯鸠甚至巴尔扎克的时代，大家所处的社会还是有机体的有生命的。无数的细胞、农村、小铺子、小工厂，互易有无，互相生养，构成了这个社会层次分明的经纬。某几个集团担任了较为错杂的事业，如保险、教育、慈善等。这一切又构成了国家，国家无异一个有生命的躯体的头脑。但头脑不能统治细胞在肉体内发生的内部化学作用，故国家亦不懂事业的内部化学作用；在社会诸原素间，在此社会与异国的人民间，国家只是联络一切的媒介。

在此历程之末，大部分的社会细胞解体了，窒息了，向头脑与神经系统要求代行职务。在法国，病还不至于无可救药，农业

---

① 故瑞典火柴大王，以破产自杀，现译作克鲁格。

社会、手工艺社会、商业社会，依旧生存着。然而试把国家在一九三四年所负的责任与一八三四年的做一比较，便知在我国亦如他处一样，政府这机器变得十二分繁复了，凡是从前遇到艰难时代由独立组织承当的工作，现在都压在政府肩上。它能不能胜任呢？

二

一切团体行动必需有一个领袖。不论是为战败一个敌人或为铺设一条路轨，人类本能都昭示出应当服从一个人的命令。但一个不知规律的领袖，对于一切个人的幸福与安全，都是一种危险。因此，威权与自由两种似乎矛盾的需要，便发生了与人类社会同样古老的争执。民众随着情势之变迁，依违于两者之间。他们需要完成什么艰难的事业时，便倾向于威权；一俟事业告成，又换了自由的口号。

这种转变的例子很多，封建制度与君主集权都是从封建以前的无政府状态中产生的。虽然也有苛求，它究竟被人民接受了，因为在那时代，它代表民众的救星。一俟社会秩序回复之时，要求更大的正谊的欲念，又使人类向法律向君王向议会请求保障了。封建制度并非以强力勒令愤懑的民众遵守的制度。在未被憎恨之前，它亦受人祝祷过来。愤懑是从成功中产生的。故在十八世纪时，专制政体最初获得信任，继而被怀疑，终于酿成革命。法律是为生人制定的，它和人类同时演化，同时生长，同时死灭。

一个国家的形式，若能把行动的威力、尊重私人生活的态度、改换失时的制度以适应新环境的机能等，熔冶得愈完满，其生命也愈持久。如英国那样孕育、转变的君主立宪，在一八六〇年左右，确能适合上述的三重理想。它尊重法律，同时亦顾及个人的幸福。那时，它很稳定，因为在民众愤懑时，它具有保护安全的活塞。

在政治上如在经济上一样，一种健全的机构应当有自然的反应。如十九世纪时限制选举与议会制的君主制度中，财政的活塞似乎是切实有效的。选民是纳税人。纳税人自己监督着岁出，遇岁出过巨便立予制止。但那种制度究竟不完全，因为没有大众的代表。这些大众，在那时唯有借了暴动与叛乱来作宣泄愤懑的活塞。于是，在法国是一场革命，在英国是一种妥协，把普选制确定了。这种制度，在很久的时期内使一切公民幻想着真的获有参政权了。以普选选出的议会不啻一个"常设的反叛机关"，代表着国家真实的力量，有拳有枪，使大众不必再在街上揎拳攘臂，亲自出马了。

在相当时间内，这种机构运用得很顺利；以后，有如永远不能避免的那样，种种冲突使它越出了常轨。这冲突的主要原因是什么呢？

一、机械的发明，不独改变了经济制度，且把国家警卫力的性质也变易了。维持秩序的方法、集团的力量，与科学发现、人类信念同时改变了，以至制度的优劣，须视变化无定的媒介物而定。在浑身盔甲的骑士显得不可伤害、坚固的城堡显得不可侵犯的时候,唯有封建制度能够维持秩序。射击火器与炮弹的发明,使君主专制代替了诸侯分霸,以后更由大众来推翻君主政体。威尔斯(Wells)[①]在今日预言,种种新式武器、飞机、铁甲车等,使一般优秀的技术家具有制服大众的能力,将来可以重新形成骑士制。更加上广播思想的方法(电影、无线电),能使一个党魁或政府领袖在公共集会以外向群众宣达意旨,几乎如在古代共和邦中一样的容易。

二、普选与国家膨胀混合起来,产生了财政上的愚民政治。今日监督国家支出的,已不是以议员为代表的纳税人,而是享受利益的人了。"无代表,不纳税",曾经是英国德谟克拉西的第一句口号,亦是使议会制普遍化的公式。我们则无代表的纳税人与不纳税的代表兼而有之了,因为缴付最重的赋税的是少数人,大多数的选民是不纳直接税的。于是最安全的活塞之一给闭塞了。在选举能够直接确定纳税问题时,纳税人的自然反应是有效的。故一个小县,一个小社会里的行政,往往管理得很好。一朝由一种陌生的、遥远的政权来分配恤金与俸给时,街上的平民便看不到纳税与权益之间有何关联了。国家预算与收入,尽量膨胀,超过了一切合理的界限。国家把借以为生的社会吞噬了。纳税人失去了天然的政治自卫力,不是反抗便是逃避。

三、腐化是与人类天性同等古老的一种罪恶,但在自由经济中,便不容易侵入组成真实社会的小组织。各人主持着自己的事

---

① 现代英国作家。

业，利益与道德是融和一致的。订购机器的实业家，采办货物的商人，在他们自己的买卖中是不取佣金的。反之，国家或大公司的订货或补助金，若其支配权落在一般不负责任的领袖手里时，腐败的弊病即不能免，因为他们的私人利益和受着委托的公众利益是分得很清的。最诚实的人能抵御物质的诱惑，但法律是不应当为诚实的人订立的啊。再若舆论这活塞能自由发挥功能，危险也就小得多，但舆论正是那些以欺妄获利的人造成的。民众很少批评精神，故少数活动分子，不必如何操心，即很易操纵他们。富人们，受着愚民政策的威胁时，便把他们的天然武器——金钱来自卫。现代的玛希阿凡（Machiavel）[①]教这些富翁在利益之上蒙上一副"善人德性"的面具。如柏拉图所描写过的一般，民主政治自然而然演化成金钱政治。

四、政权的混乱把鉴别力、生活力、监督力的最后原素也消灭了。以理论言，在一个议会制的政府中，人民选择代表，代表选择执行政权的领袖，即那些统治国家的阁员，而舆论更以所选出的两院来间接监督阁员。但事实上，代表们由于一种无可克制的习惯，很快成为麻木不仁的职业者，他们以各种要求来代替他们的监督，阁员们受着干求的压迫，又被议会和许多常设委员会[②]弄得疲于奔命，唯有努力延长自己的局面，而非治理国事了。

[①] 15世纪意大利翡冷翠邦大政治家，现译作马基雅维利。
[②] 他们比阁员更稳定，极有权力，可毫不负责。——译者注

于是，当社会解体、国家被召去承继如是棘手的事业时，它亦没有威权，没有适应时势的反动力，没有连续一贯的计划。

三

别国的集权主义的成功，此时使关于我们的制度的批评，显得更苛刻更危险。特殊事故之能转变一般思想，历史上已有明证。君主立宪的英国的胜利，在十八世纪初叶使多少倾向君主专制的思想都为之转变。"不列颠海军与玛鲍罗葛（Malborough）①产生了洛克与其他英国哲学家趋向欧洲大陆的潮流。"拿破仑的败灭，更增强了欧洲各国倾向英国政体的风气。十九世纪时不列颠工商业称霸世界，一八七〇至一八八五年间法国迅速复兴，一九一八年协约国战胜，这些史实又加增了自由议会制的威信。凡由国际条约产生的新国家，没有一个敢不采两院制。非洲，甚至在亚洲，也似乎被这传染病征服了。

一九二〇至一九三〇这十年间，协约国无力重建欧洲的均势了，于是威信堕落。意大利法西斯主义的成功，它的创立者的天才，俄罗斯的革命，创造了全然相反的一种方式。德国，最先想仿效战胜国的法律，后来终亦拥出一个狄克推多（即独裁者）。政治哲学家正在寻找理由来罢黜他们以前崇拜的制度。

要从这些国际的模仿中去找出定律来是很难的。传染病在某些疆界上也会停止蔓延。在法国大革命时，许多英国人对于革命

---

① 19世纪英国名将，现译作马尔巴罗。

的普遍的胜利，有的表示害怕，有的表示期望，事实上，法国大革命并没此种普遍的胜利。但虽然没有表面上的革命，别的民族亦会借用邻国的新制度，因为它适应实际的需要，适应一般风俗的转变。我们可说，大战以后德国史上最重要的事变，莫过于模仿罗马了。

然而，如果思想真会传染的话，它从一个地方传到另一个地方时，亦能变形。制度成功之后，常使名字与象征具有一种暗示力，而那些名字口号即以渗透作用深入邻国。"帝国""凯撒"这些名词，直至两千年后的今日还保有相当的力量。意大利法西斯主义的姿态、字汇，被全世界抄袭了去。但无论哪一个民族，尽管自以为承受了别一个民族的组织，实际上总以自己固有的民族天才把别人的组织改变过了，这天才即是他的历史的机能。法兰西共和国，不论他自己愿或不愿，确是继续着路易十四与拿破仑的"集中"事业（l'oeuvre cen-tralisa trice）。马克思的社会主义，在俄国亦不得不承受沙皇时代的官僚传统。在德国，罗马的法西斯主义变成了异教的，狂热的，极端的。字汇的混淆，造成了思想的混淆，令人相信使用相同的名词即能造成相同的制度。

多少谈论议会制度的人，不论是颂赞或诅咒，似乎都相信这种制度在一切采用它的国家内都是相同的。事实上，从英国输入法国和美国的制度，在三个国家中各有特殊的面目。不列颠宪法以解散议会权为基础，这便构成了执行政权的人的威力与稳定，又如各大政党对于领袖的忠诚，各个政党领袖共同对于君王的忠诚，亦是英国宪法的基础。在美国，总统成为权力远胜英王几倍的独裁者，但他是选举出来的，而他的议会亦远没有英国下院般的权力。法国的个人主义，则使稳固的政党组织变得不可能，一桩历史上的事故，例如马克·马洪（Mac-Mahon）[①]的冒险的举动，使解散国会这武器成为无用。可见即在国家内部，未经任何新法律所改变过的宪法，亦会受着事变的影响而演化。

　　因此，把民主和独裁、自由和集权对峙，好似确切固定的形式一般，是完全不正确的。我们可再说一遍：一切制度，随着自然的节奏，在自由与集权之间轮流嬗变。没有一种民主政治可以不需威权，也没有一种独裁不得大多数被统治者的同意而能久存。泰勒朗（Talleyrand）[②]曾言："有了刀剑你什么都可以做，但你不能坐在刀剑上面。"没有一个领袖，单靠着卫队，不得大多数国民的同意或至少是不干涉态度，而能创造一种持久的政体的。最煊赫的威名，也不能使一个领袖把他的民族导向违反本国历史传统的路上去。邻国新政体的成功，能以传染与模仿之力，左右一个依违于自由和集权之间的国家的政治生活；但经过了一番迷离歧途的痛苦之后，它仍将继续它固有的历史传统。

　　由此可知，在法国，问题绝不在于抄袭俄、意、德诸国的制度，那是和它不同的历史的产物，而且那些制度之有无价值，还需因执行者的品格而定，问题是在这些外国食粮中辨识何种才能

[①]　法国元帅，第二任大总统，曾滥用解散议会权，铸成大错，现译作麦克马洪。
[②]　法国十八九世纪时政治家兼外交家，现译作塔列朗。

拿来消化成自己的本体，更进一层，还得将自己的法律，研究其错综变幻，以探寻其与现社会发生冲突的要点。

四

把法律加以简单的更动，是否能在国家生命上发生深切的影响？症结岂非尤在国民的灵魂而不在法律么？

在有些时候，信仰确能为法律之所不能为。在我们的弊病中，道德原则的衰落，也确应当和制度的衰老负着同等责任。梵莱梨在孟德斯鸠全集序言中，叙述人类在繁荣时代怎样会遗忘成功的秘诀——道德，而在忧患重临时又怎样会重新去称颂那些为社会必不可少的美德。克莱芒梭（Clémenceau）[1]曾谓，一个强毅果敢之士，在公众情操期望威力之时，可以不必涉及法律而径以领袖的态度统治。但此种因情操剧变而发生的更动，唯有改革制度方能维持长久。

斯宾诺莎（Spinoza）的《政治论》（*Traité Politique*）中有言："人类必然是情欲的奴隶。若是一个国家的运命完全系于个人的诚实，凡百事务必须落在老实人手里方能处理得很好时，这个国家绝不会如何稳定……在国家的安全上讲，只要事务处理得好，我们亦可不问政府施政时的动机何若。个人的德性是自由或魄力，国家的德性却是安全。"

我们认为，健全的宪法，其定义可以归结如下：如果宪法能

---

[1] 近代法国大政法家，现译作克列孟梭。

使政府人员之奉公守法，不但是因富有热忱、德性、理智之故，且为他们的本能与利益所促使，那么，这宪法便是良好的宪法。

法律所能自动施于情欲的影响，不难举例。在法国，何种简单的动机促使政府不稳定呢？我们不妨把英法两国议员对于秉政内阁所怀抱的情操作一比较。假定此两国人士的爱国心与野心差不多相同。一个英国议员，若投票反对自己的政党而参与倒阁运动，究竟能有什么希望？一些好处也没有。他将因此脱党，使自己下届不能重新获选。他亦决无入阁的可能，因为内阁几乎一定会采取解散国会的措置。国会的解散，使他在任期未满以前，不得不筹一笔安排选举运动的费用。若使他欺弄了他的政党，他必得同时牵连到他的选区。而这亦不是一件容易的事。故英国议员的私人利益，完全依赖着政府的稳定。在英国，倒阁是没有报酬的。在法国，却有这种报酬，议员的私人利益有赖于政府的不稳定。如果他参与倒阁，又有什么可惧？他将有重新竞选的危险么？当然不，既然从不解散国会已经成为一种习惯。他将被开除党籍么？这或许可能，但众院里的政党那么多，他立刻可以加入另一个党。反之，对于下台的阁员，他能取而代之么？得承认他有此机会。政府领袖在组织新阁时，往往把对于前任内阁玩了巧妙的手段的某某议员，依为股肱。他们宁愿一个危险分子做他们的羽党而不愿他居于敌党。在法国，习惯使倒阁有了酬报。

在若干构造很好的机器中，工人的一桩错误或零件的一些毛病会自动促成一种动作，把机器校准；同样，在完满的宪法中，统治者的过失亦能自动促成制裁。当然，我们应想到完满的宪法是永远不存在的,即使人们能够悬想,亦难适应动荡不已的风俗。这并非说因此我们便不必把宪法去适应目前的局势。但宪法的改革,如一切改革一样,应从风俗方面去感悟,而不当着重抽象的推理。因为当国家的威权能够及于法律时,国家的威权亦早已恢复了。

五

政治上的改革能不能使国家去补足自然经济(écono-mies pontanée)的匮乏?我不信这种结果是可能的,亦不信是值得愿望的。由国家单独统治的经济永远是勉强的。一切工作将因之官僚化;集团救济亦将有所不足,因为当未来的疾苦显得"非个人的"疾苦时,也不会如何令人惊怵了;连选利益的压迫,胜过了需要与责任的压迫。国家可以有益地运用监督机能,它可以强迫生产者顾及大众利益;但事实证明它若要支配生产,必得把权力转移。

那么怎么办呢?恢复一个与十九世纪相仿的社会么?鼓励那些在经济恐慌时有神妙的调节力的小农庄、小企业,使它们复兴么?许多国家都试着这么做。美、德、意各国的政府,都希望能创造那些非"企业的"而只是生产食粮的农庄。即在法国,因为工业到处都和农业有密切的关联,工人们家里都有一方菜园,故失业的痛苦亦没有别国剧烈。在英国,某阁员正在设法振兴农业。在俄国,由莫斯科指挥一切的计划,试行了很久,现在却亦努力放弃官僚政治而提倡土著生活了。在美国,小企业及中等企业之比着大实业更易复兴，已是大家公认的事实。应当回复那有生机的生活方式，应当把这一点劝告青年，这是毫无疑问的。我们使青年们抱着"大量生产""巨额主义"的理想也太久了。我们可以假想，未来的一代，将寻求一种幽闲的耕种生活，只要简单的工作便可支持的生活。

但此只是本问题许多原素之一。若干技术，因性质关系，唯有在大工厂中方能实现。交通事业与重工业的集中，公务员联合会的势力，都是事实。人们尽可不赞同，尽可表示扼腕，但不能否认它。自由主义本身固不失为良好的主义，在理论上几亦无懈可击。但它有一点大毛病，即是已经死灭了。我们是否应当去请教职业组织及劳资联合会，以便驾驭这些巨大的机器？此种会社之目的，在于团体的自卫，在于和另一个团体斗争，以前，它们难得顾虑处在明哲的观点上必须顾到的国家利益。它们组成激烈的、富于感情的团体，领袖们也只筹划如何获得会员的赞同，全不知国家有何需要，他们的敌人有何理由。

然而这些职业会社中尽有内行的人才。假令不请他们参与政权而只去咨询他们，是不是有益的呢？人家已经用种种不同的方式试过，结果老是很平庸，或竟毫无。咨询委员会是最枉费的组织。委员们知道自己是毫无势力的，故对于无目标的工作感到厌倦。"愿而不为的人酿成腐败。"开会时难得出席，决议亦没有下文。一个委员会所能产生的是报告书而非行为。

但一种工业，不能在国家监督之下自己定出一种法规，定出若干制度么？这似乎并非不可能。唯我们对于此等方法究能有何种期望，则尚须等待美国与意大利试验的结果如何，方可知道。如果结果有利，则我们可在同样的制度中，以生产者相互间的协定，获得统治生产的方法，且在新形式下，有方法重新组织一个具有健全反应的活的社会，重新确立一种职业的荣誉。

有人常把人类比作一个失眠的人，因为右侧睡不熟，故翻向左侧，几分钟后，重复转向右侧。这境象可说形容毕肖。人们对于使其受苦的弊病加以反抗，他们试用一种全然相反的方法，应用到矫枉过正的地步，到荒谬绝伦的地步，以致又促成了新的弊害。于是，百年前称为解放的，现在称为苛暴，往昔的弊病重新成为热烈愿望的一种改革。

中世纪时曾有过统治经济，订定物价与工资的权，不是操诸竞争者，而是先在同业联合及同业会手中，终于落在国家掌握内。有利率的贷款与"收益"这种思想，是被教会排斥的。教会承认人类有以劳作来增加自己财富的权利，但不承认他称为高利贷的放款，不问放款之数目多寡。为避免生产过剩起见，选择职业权的限制之严，远过于罗斯福总统的复兴法规。

随后，时代变了，十八世纪末叶，人类开始反抗上述的思想，经济学家宣称，自然律的变化，较诸同业的监督更能保障物价的正当变动。各人依着自己的利益而行动，私人利益的总和终究与公共利益相符。此种主义在当时的大地主目光中是革命的。自由，无异是"急进"。酝酿法国大革命的"头脑组合"（Trust des Cerveaux）即是自由经济学者组成的。同业会被当时的急进派斥为"流弊无穷"，抨击不遗余力。

一个半世纪过去了，循环的周圈告成了。在今日，经济学上的自由主义者是保守者。正统派的大家，认为中世纪的统治经济认为是"急进的"，危险的。而年轻的人对于高利贷，又抱着如十二世纪时教会所倡的那么严厉而明哲的主张。他们把产业区别为具体的（如农庄、小商店、主人自营的小企业等）与抽象的（如股东、董事等的产业）二种：前者是他们认可的，后者是排斥的。有的有意识地，有的无意识地，他们都祝祷人类回到在三百年前已非新颖的思想与制度上去。

我们再来观察英国。这个国家曾经是自由贸易与放任制度的禁城，这些主义也为它挣了全部财富，但数年来已听到有完全相反的理论。这岂非可怪么？英国今日亦在怨叹自由的放任制度，而需要"他的计划"了。它便创立了无数的计划。有"牛乳计划"，有"猪类计划"，有"啤酒原料计划"。不列颠政府向棉业界钢业界的人说："我们极愿保护你们，但有一个条件：即你们得妥协，订货得由大家来分配，得确定你们的工资，并且一律遵守，国外市场应当用合理方法共同研究。"这不是中世纪的同业组合经济是什么呢？放任了多少年之后，岂非重又回到从前英国羊毛以集团方式输入弗朗特[①]的局势么？

这种说法，可不足以借此反对似乎新颖实是再生的主义。这等往复循环的运动是极自然的，而且是必需的。人类永远缺少节制。因为自由是一种美德，故把自由滥用，直到无政府状态。

---

① 比利时荷兰境。

于是，发觉他所继续推行着的混乱状态（他还不相称地谓为自由），使一切社会生活变得不可能了，他便喊起集权的口号。他们是对的，或更准确地说，如果他们只以恢复威权为限，他们是对的。但如他们狂嗜自由一般，他们又狂嗜威权了。他们把最不足为害的东西，也说是自由的过失。威权与苛暴，坚决与蛮横，他们都混在一起，终于，不可胜数的极端行为，使一般为提倡而牺牲的人都感到失望。在新恢复的秩序中，要求独立的愿望与嗜好觉醒了。不久，三十年前的人冒着锋镝去打倒的东西，人们又不惜牺牲生命去争取。

挽救之道莫如在生死关头悬崖勒马。但往前直冲的来势太猛了，钟锤依旧在摇摆。这便是我们所谓的历史。

六

哲学家们常常问，这些周期的来复，是否使人类永远停留在同样悲惨同样愚蠢同样偏枉的水准上，或相反，钟锤在摇摆之中慢慢地升向更幸福的区域？我相信这并不真正成为问题，也不是如何重要的问题。政府的职责，在于补救目前的灾患，准备最近的将来，它的工作不是为辽远的前程，为几乎不可思议的境界。彭维尔（Bainville）[①]有言："凡是殚精竭虑去计算事变的人，其所得的结果之价值，与对着咖啡壶作观察的人所得的，相差无几。"

---

① 现代作家，现译作班维尔。

人类经历平衡的阶段（一八七〇至一九一四年间我们父辈的生活便在此阶段中度过）。随后他进到了狂风暴雨与冲突击撞的境界。这些冲突解决之后，人类又达到一个新阶段。这时候，两种冲突应该得到解决了。第一是最严重的：经济冲突。自由的资本主义不存在了，国家经济亦难有何等成就。在私有产业的利益（这似乎是无可代替的）与明智的监督之间，应当觅得一种沆瀣一气的方法。问题定会解决，而我们敢言，此解决方式既非共产主义的，亦非资本主义的，而是采取两种主义的原素以形成的。同样，政治争端的解决方式，既不会是纯粹民主的，亦不会是纯粹集权的。正的论调也好，负的论调也好，黑格尔曾阐述过，人类社会的历史，是由那些相反制度递嬗的（有时是突兀的）胜利造成的。随后，犹疑不决的智慧所认为矛盾的原素，毕竟借综合之力而获得妥协，而融成有生机的社会。

论幸福

在我们的研究的各阶段中,随时遇到幸福问题。婚姻是不是一对男女最幸福的境界?人能不能在家庭在友谊中找到幸福?我们的法律是否有利于我们的幸福?此刻当把这不可或缺而含义暧昧的字,加以更明白的界说。

何谓幸福?方登纳(Fontenelle)[1]在《幸福论》(*Trait du Bonheur*)那册小书中所假设的定义是:"幸福是人们希望永久不变的一种境界。"当然,如果我们肉体与精神所处的一种境界,能使我们想"我愿一切都如此永存下去",或如浮士德对"瞬间"所说的"哦!留着吧,你,你是如此美妙",那么,我们无疑地是幸福了。

但若所谓"境界",是指在一时间内占据一个人意识的全部

---

[1] 17至18世纪法国作家,现译丰特奈尔。

现象，那么，这些现象之持久不变的存续时间，是不可思议的。且亦无法感知它是连续的时间。什么是不变化的时间呢？组成那种完满境界的成分，既然多数是脆弱的，又怎么会永存不变呢？如果这完满境界是指人而言，那么他有老死的时候；如指一阕音乐，那么它有静止的时候；如指一部书，那么它有终了的时候。我们尽可愿望一个境界有"持久不变的存续时间"，但我们知道，即在我们愿望之时，那种不变，那种稳定已经是不可能了，且就令"瞬间"能够加以固定，它所给予我们的幸福，亦将因新事故的发生而归于消灭。

故在组成幸福境界的许多原素中，应当分辨出有些原素尽可变化而毫不妨害幸福，反之，有些原素则为保障幸福的存续所必不可少的。在托尔斯泰的一部小说中[1]才订了婚的莱维纳，走在路上觉得一切都美妙无比，天更美，鸟唱得更好；老门房瞩视他时，目光中特别含有温情。但这一天的莱维纳，在另一个城市里亦会感到同样的幸福，所见的人与物尽管不同，他却一样会觉得"美妙无比"。他随身带有一种灵光，使一切都变得美妙；而这灵光亦即是他的幸福的本体。

构成幸福的，既非事故与娱乐，亦非赏心悦目的奇观，而是把心中自有的美点传达给外界事故的一种精神状态，我们祈求永续不变的亦是此种精神状态而非纷繁的世事。这精神状态真是"内在"的么？除了外界一切事物能因了它而有奇迹般的改观以

---

[1] 《安娜小史》。

外，还有别的标识，足使我们辨别出此种精神状态么？我们的思想中若除了感觉与回忆，便只剩下一片静寂的不可言状的空虚。神秘的入定的幻影，即使它只是一片热烘烘的境界，亦只是幻影而已。哪里有纯粹的入定、纯粹的幸福呢？有如若干发光的鱼，看到深沉的水，海里的萍藻与怪物，在它们迫近时都发射光亮，却看不到发光的本体，因为本体即在发光鱼自身之内，同样，幸福的人在凡百事物中观察到他的幸福的光芒，却极难窥到幸福本体。

这光或力的根源，虽为观察者所无法探测，但若研究它在各种情形中的变幻时，有时亦能发现此根源之性质。在确定幸福的性质（这是我们真正的论题）之前，先把幸福所有的障碍全部考察一下，也许更易抓住我们的问题。我们不妨打开邦陶尔[①]的盒子，在看着那些人类的祸患往外飞的时候，我们试把最普通的疾苦记录下来。

首先可以看到灾祸与疾病的蜂群。这是一切患难中最可怖的，当灾祸疾病把人类磨难太甚而且磨难不已的时候，明哲的智慧亦难有多少救治之方了。像禁欲派那样地说痛苦只是一个名词，固然是容易：“因为，他们说，过去的痛苦已不存在；现在的痛苦无从捉摸；而未来的痛苦还未发生。"事实上可不然。人

---

① 希腊神话：邦陶尔（Pandore，现译潘多拉）是人类中第一个女子，赋有一切美德。邱比特于伊嫁给人类中第一个男子爱比曼德（Epimétée）时赠予一盒，把一切灾祸、疾病、死亡、贫穷、嫉妒……禁锢在内。爱比曼德不听嘱咐，偷偷地把盒子打开了，于是人间满布着灾祸的种子。按此项神话与基督教传说中的亚当与夏娃含有同样的意义。

并非许多"瞬间"的连续,我们无法把那些连续随意分解开来。过去的痛苦的回忆,能把现在的感觉继续地加强。无疑地,一个强毅之士能和痛苦奋斗而始终保持清明宁静的心地。蒙丹曾以极大的勇气忍受一场非常痛苦的疾病。但当生命只剩一声痛苦的呼号时,即使大智大圣又有何法?

至于贫穷,狄奥也纳[1]自然可以加以轻蔑,因为他有太阳,有他的食粮,有他的木桶,且亦因为他是独个子。但若狄奥也纳是失业者,领着四个孩子,住在一座恶寒的城里,吃饭得付现钱的地方,我倒要看看他怎么办。在于勒·洛曼(Jules Romains)[2]一部题作《微贱者》(les Humbles)的小说中,有一章描写一个十岁的儿童发现贫穷的情景。这才是真正的受苦。实际上,用哲学去安慰饥寒交迫的人无异是和他们开玩笑。他们需要的却是粥汤与温暖啊。

这些疾病与贫穷的极端情形,可决不能和虽然难堪、究竟没有那么可怕,且亦不成为幸福的真正阻碍的情形相混。禁欲派把我们的需要分作两类,一是"自然的,不可少的"需要,如饥与渴,那是必须满足的,否则会使我们什么念头都没有而只一天到晚地想着它;另一类则是"自然的但非不可少的"需要。这种辨别极有理由。人世固然有真正的疾病、真正的贫穷,值得

---

[1] 现译狄奥根尼,狄奥也纳为公元前4世纪时希腊制欲派哲学家,主张自然生活,排斥财富。他终年跣足,夜间睡在庙堂阶前的一只木桶中,他所有的衣服只有一袭大氅。——译者注

[2] 现代法国作家。

我们矜怜，但幻想的疾病和真实的疾病一样多。精神影响肉体的力量，令人难于置信，而我们的疾苦多数是假想的。有真的病人，亦有自以为的病人，更有自己致病的人。蒙丹在鲍尔多（Bordeaux）[1]当市长时，对市民说："我极愿把你们的事情抓在手里办，可不愿放在肺肝之中。"[2]

和志愿病人或幻想病人一样，亦有幻想的穷人。你说如何不幸，因为普及全人类的经济恐慌减少了你的收入；但只要你还有一个住所，还能吃饱穿暖，你说的不幸实是对于真正的贫穷的侮辱。一个朋友告诉我，有一个做散工的女佣，因为在更换卧室时，她的最美的家具，一架弹簧床，无法搬入新屋，故而自杀了。这是虚伪不幸的象征。

贫困与疾病之外，其次是失败了：爱情的失败，野心的失败，行动的失败。我们怀抱着种种计划，幻想着某种前程；但世间把我们的计划挫折了，未来的希望毁灭了。我们曾希望被爱，可没有被爱，我们日夜受着嫉妒的煎熬。我们期望一个位置，一项报酬，一种成功，一次旅行，而都错过了。在这等情形中，制欲派的学说自然战胜了，因为这些不幸，大半并非实在的不幸，而是见解上的不幸。为何觖望的野心家是不幸的呢？因为他肉体受苦么？绝对不。而是"因为对于过去，他想着阻止他实现愿望的过失；对于将来，想着敌手的机诈将妨害他的成功"。如果不

---

[1] 法国西部大商埠，现译波尔多。
[2] 空费心思之意。

去想可能的或将来的局面,而努力正确地想他现在所处的情况,那么差不多常是很过得去的局面。我愿一般幻想病者接受圣者伊虐斯(Saint Ignace)①在修炼苦行中所劝人的方法,即必须把我们的情操的对象,努力想象出来,丝毫不加改变。

你曾想做部长而没有做到。这是什么意思呢?是说你不必自朝至暮去接见你不愿见的干求者。是说你对于无数的麻烦事情,你无暇加以研究的事情,不必负责。是说你不必每星期日出发到遥远的县份中去,受市府乐队及救火会军乐队的欢迎,你不必在那里演讲什么欧洲政局问题,以致在翌日引起十几国的报纸的攻击。没有这些舒服事做,你不得不过着安静的生活,度着幽闲的岁月,重读你心爱的书籍,如你喜欢朋友还可和他们谈天。假使你多少有些想象力的话,这便是你的失败所代表的种种现象。这是一桩不幸么?"今晚,"史当达写道,"我因为没有做到州长而我的两个助理却做到了,故灵魂上微微受着悲哀的创伤。但若我必须在六千人口的窟洞里幽闭四五年时,恐怕我更要悲哀哩。"

假令人们对于自己一生的事故,用更自由的精神去观察时,往往会识得他们所没有得到的,正是他们所不希冀的。因为"我愿结婚……我希望当州长……我极想作一幅美丽的肖像画"之类的口头的愿望,和一切人类实在的愿望有很大的区别。后者是和行为暗合的。除了若干事实的不可能外,一个人自会获得他一意

---

① 现译圣依纳爵。

追求的东西。要荣誉的人获得荣誉，要朋友的人获得朋友，要征服男子的女人终于征服男子。年轻的拿破仑要权力，他和权力之间的鸿沟似乎是不可能超越的。而他竟超越了。

固然，有许多情形，因恶意的事故使事情不能成功。要轰动社会不是容易的事，人自身之中便有阻碍存在，这是屡见不鲜的情景。他自以为希冀一种结果，他自身却有某些更强烈的成分使他南辕北辙。再用于勒·洛曼的小说来作比吧。上文提及的儿童的父亲，巴斯蒂特（Bastide），自以为要谋事，实际上却拒绝人家给予他的位置，故仔细观察之下，他原不希望有事情做。我屡屡听到作家们说："我要写某一部书，但我所过的生活不允许我。"这是真情；但若他热烈地要写那部书，他定会过另一种生活。巴尔扎克的坚强意志，对于作品的忠诚，即有他的生活——更准确地说，他的作品，为之证明。

在柏拉图《共和国》（*R-publique*）第十卷中，有一段关于"幸福"的美妙的神话：即阿尔美尼人哀尔（Er l'Arménien）下入地狱，看见灵魂在死后所受的待遇那个故事。一个传达使把他们齐集在一起，对着这些幽灵作如下的演说：

"过路的众魂，你们将开始一个新的途程，进入一个会得死火的肉体中。你们的命运，并不由神明来代为选择而将由你们自己选择。用抽签来决定选择的次序，第一个轮到的便第一个选择，但一经选择，命运即为决定，不可更改的了……美德并无什么一定的主宰；谁尊敬它，它便依附谁；谁轻蔑它，它便逃避谁。各人的选择由各人自己负责；神明是无辜的。"

这时候，使者在众魂前面掷下许多包裹，每包之中藏有一个命运，每个灵魂可在其中捡取他所希冀的一个。散在地上的，有人的条件，有兽的条件，杂然并存，摆在一起。有专制的暴力，有些是终生的，有些突然中途消失，终于穷困，或逃亡，或行乞。也有名人的条件，或以美，或以力，或以祖先的美德。也有女人的命运：荡妇的命运，淑媛的命运……在这些命运中，贫富贵贱，健康疾病，都混和在一起。轮着第一个有选择权的人，热衷地上前，端详着一堆可观的暴力；他贪心地冒失地拿起，带走了，随后，当他把那只袋搜罗到底时，发现他的命运注定要杀死自己的孩子，并要犯其他的大罪。于是他连哭带怨，指责神明，指责一切，除了他自己之外，什么都被诅咒了；但他已选择了，他当初原可以看看他的包裹的啊。

看看包裹的权利，我们都有的。你为了野心或金钱而选中这一件婚姻，但你如我们一样明知那女子是庸俗的，两年三年之后，你怨她愚蠢；但你不是一向知道她是愚蠢的么？一切都在包裹里。一味地追求财富或荣誉，差不多老是要使人变得不幸，这是无须深长的经验便可发觉的。为什么？因为这一类的生活，使人依赖身外之物。过分重视财富的人最易受着伤害。野心家亦如此；因了他自己也不明白的事故，因了一句传讹的话，使他遭强有力者的厌恶以致失败了，或被民众仇视甚至凌虐。他将谓没有运气，命运和他作对。然而凡是追逐不靠自身而依赖外界方能获得的幸福的人，命运总是和他作对的啊！这亦是在包裹之内的。神明终是无辜的呢。

野心与贪心使我们和别人冲突,但还有更坏的灾祸的成因,即是和我们自己冲突。"我也许做错了;也许自误了,但我已竭尽所能,我依着我自己的思想而行动的。我说过的话,或者我此刻还可重说一遍,或者假令我的见解改变了,我可毫无惭愧地承认是为了极正当的理由,因为我以前所依据的材料不正确,或因为我推理有误。"当我们返顾昨日以至一生的行为而能说这种坦白的话时,我们是幸福的。只要有此内在的调和,多少苦恼的幻想,多少和自己的斗争都可消灭。

按诸实际,这自己和自己的协调是稀有的;我们内心都是冲突。我们中每个人内部有一个"社会人"与情欲炽盛的"个人",有灵与肉,神与兽。我们受着肉欲的支配,但在沉沦之后我们又很快回复为明哲之士,想到此层真是可憎。赫克斯莱(Aldous Huxley)[1]曾言:"一个人不能听从自己的'断续支离性'(discontinuité)来行事。他不能使自己在饭前是一个人,饭后又是一个人。他不能听任时间、心情或他的银行往来账去支配他的人生哲学。他需要替自己创造出一个精神范型以保障他的人格之赓续性。"

但这内在的秩序与和谐是难以维持的,因为我们的思想,其实在的根源多数和我们所想象的有异。我们自以为是理智的推敲,其实是我们用了错误的判断与并不坚实的论辩,以满足我们的怨恨或情欲。我们怀恨某个民族某个社会,因为这民族这社会

---

[1] 现译阿道司·赫胥黎。

中的一个人，在我们一生的重要场合损害了我们之故。我们不肯承认这些弱点，但在我们内心，却明知有这些弱点存在，于是我们对自己不满，变得悲苦、暴烈、愚妄、侮辱朋友，因为我们知道自己不能成为愿望成为的人物。在此，苏格拉底的"认识你自己"的教训，便变得重要了。一个智慧之士，若欲达到宁静的境界，首先应将使他思想变形的激情与回忆，回复成客观的、可以与人交换向人倾吐的思想。

幻想除与过去发生关系外，还有与未来的关系。"不幸"的另一原因是，在危险未曾临到时先自害怕，先自想象危险的景况。有些恐怖固然是应当的甚至是必需的。一个不怕给汽车撞倒的人，便可因缺少想象而丧生。一个民族，若不怕敌对的武装的邻人，很快会变成奴隶。但若对于那些太难预料的危险也要害怕，那是白费的了。我们认识有些人，因为害怕疾病，因为恐惧丧生而不愿活下去了。凡是害怕丧失财产的人，想象着可能使他破产的种种灾祸，放弃他眼前所能享受的幸福，而去酝酿自己的不幸，这些不幸若竟发生了，亦即是把他磨折到祸由自招的不幸的地步。嫉妒的人，设想他的爱人的德性会有丧失的危险；他无法摆脱这种思念，终于把情人对他的爱消灭了，只因为监视过严；他害怕的失恋，终于临到了，只因为他太谨慎周密。

一件灾祸未曾临到的形象，比着灾祸本身更加骇人，故恐怖的痛苦格外强烈，且亦更无聊。疾病是残酷的，但看见别人患病而引起我们的害怕更残酷，因为真正病倒了时，发热与病时状态，好似造成了一个新的躯体使其反应的方式与平时异样。多数的人怕死，但我们所能想象到的一切死的境界是不真确的，因为第一，我们不知道自己的死是否突如其来，且在寻常状态中，对于"死"这天然现象，自有一种相当的肉体状态去适应的。我曾有一次遇险几乎丧生，我还留着极确切的形象。我失去了知觉，但我所有在出事前数秒钟的情形的回忆，并不痛苦。阿仑认识一个人，如阿尔美尼人哀尔一样，曾经游过地狱，他是溺死了被救醒转来的。这死而复苏的人，叙述他的死况，一点也不痛苦。

我们对于未来的判断老是错误的，因为我们想象痛苦的事故时，我们的精神状态，是尚未经受那种事故的人的精神状态。人生本身已够艰苦了。为何还要加之虚妄的惨痛的预感呢？在一部最近的影片中，有一幕表现一对新婚夫妇搭着邮船度蜜月去，他们瞭望着大海，正是幽静的良夜，远处奏着音乐。两个年轻人走远的时候，我们看到刚才被他们身子掩蔽着的护胸浮标，上面写着"地坦尼克"（Titanic）①。于是，为我们观众，这一幕变成悲怆的了，因为我们知道这条船不久便要沉没；为剧中的演员，这良夜始终是良夜，如其他的良夜一样。他们若果恐惧，这恐惧亦将是准确的预感，但因了恐惧，未免白白糟蹋了甜蜜的时光。许多人即因想象着威胁他们的危险而把整个的一生糟蹋了。"只要顾到当天的痛苦已足。"

末了，还有富人阶级及有闲阶级的不幸，其最普通的原因是

---

① 世界著名巨船——英国邮船——1912年4月14日在大西洋中被冰山撞沉，现译泰坦尼克。

烦闷。谋生艰难的男女，可能是很苦的，但不会烦闷。有钱的男女，不去创造"自己的"生活而等待着声色之娱时，便烦闷了。声色之娱对于具有"自己的"生活之人①确是幸福的因素之一，因为他在声色之娱中自己亦变成了创造者。正在恋爱的人爱观喜剧，因为他生活于其中。如果慕索里尼观《凯撒》一剧时，一定会幻想到自己的书桌。但若观众永远只是观众，"若观剧者在自己的生活中不亦是一个演员"的话，烦闷便侵袭他了，由烦闷，更发生大宗的幻想病：例如对于自己作种种的幻想，对于无可挽救的过去的追悔，对于渺茫不测的前途的恐惧。

对于这些或实在或幻想的病，有没有逃避之所或补救之方呢？许多人认为不可能，因他们觉得把此种挽救的可能性加以否认，亦有一种苦涩的病态的快感，这真是怪事。他们在不幸中感到乐趣，把想要解放他们的人当作仇敌，当作罪人。固然，在遭遇了丧事或苦难或重大的冤枉的失败时，最初几天的痛苦，往往任何安慰都不相干。这时候，做朋友的只能保持缄默、尊重、叹惜、扶掖、静待的态度。

但谁不识得家庭中那些擅长哭泣的女子，努力用外表的标识去保持易被时间磨灭的哀伤？那般一味抓住无法回复的"过去"的人，如果他们的痛苦只及于他们个人的话，我为他们叹惜；但若他们变成绝望的宣传员，指责希望生活的更年轻更勇敢的人

---

① 具有独立生活之人。

时，我要责备他们了。

哭泣之中，总有多少夸耀的成分……

这种夸耀，我们须得留神。真正的痛苦会自然而然地流露出来，即在一个努力掩藏痛苦绝不扰及旁人的人也是如此。我曾在一群快乐的青年人中，看到一个女子，刚经历过惨痛的幽密的悲剧，她的沉默，勉强的笑容，不由自主的出神，随时都揭破她的秘密，但她勇敢地支持着她幻虚的镇静，不妨害旁人的欢乐。假使你必须远离了人群，必须天天愁叹方能引起你的回忆时，那是你的记忆已不忠实了。我们对于亡故的友人所能表示的最美的敬意，只有在生存的友人身上创造出和对于亡友一般美满的友谊。

可是怎么避去固执的思念呢？怎么驱除那些萦绕于我们的梦寐之间的思想呢？

最广阔最仁慈的避难所是大自然。森林、崇山、大海之苍茫伟大，和我们个人的狭隘渺小对照之下，把我们抚慰平复了。十分悲苦时，躺在地上，在丛树野草之间，整天于孤独中度过，我们会觉得振作起来。在最真实的痛苦中，也有一部分是为了社会法统的拘束。几天或几小时内，把我们和社会之间所有的关联割断一下，确能减少我们的障翳，使我们少受些激情的磨难。

故旅行是救治精神痛苦的良药。若是长留在发生不幸的地方，种种琐屑的事故会提醒那固执的念头，因为那些琐屑的事故附丽着种种回忆，旅行把这锚索斩断了。但不是人人能旅行的啊！要有时间，要有闲暇，要有钱。不错。然而不必离去城市与工作，亦可以换换地方。你无须跑得很远。枫丹白露

（Fontainebleau）①的森林，离开巴黎只有一小时的火车，那里你可以找到如阿尔卑斯山中一样荒漠的静寂；离开桑里（Senlis）②不远，即有一片沙漠；凡尔赛园中也老是清静岑寂，宜于幽思默想，抚复你的创伤。

痛苦的人所能栖息的另一处所，是音乐世界。音乐占领着整个的灵魂，再没有别的情操的地位。有时它如万马奔腾的急流一般，把我们所有的思想冲洗净尽，而后我们觉得胸襟荡涤，莹洁无伦；有时它如一声呼喊，激起我们旧日的痛苦，以之纳入神妙的境地之中。随着乐章的前呼后应，我们的起伏的心潮渐归平息；音乐的没有思想的对白，引领我们趋向最后的决断，这即是我们最大的安慰。音乐用强烈的节奏表现时间的流逝，不必有何说辞，即证明精神痛苦是并不永续的。这一切约翰·克里司朵夫（Jean-Christophe）③都曾说过，而且说得更好。

"我没有一次悲愁不是经过一小时的读书平息了的。"这是一句名言，但我不十分了解。我不能用读书来医治我真正的悲愁，因为那时我无法集中我的注意于书本上。读书必得有自由的、随心所欲的精神状态。在精神创伤平复后的痊愈期间，读书可以发生有益的作用。但我不相信它能促成精神苦楚的平复。为驱除固执的意念起见，必得要不必集中注意的更直接的行动，例如写字、驾驶复杂的机器、爬行危险的山径等。肉体的疲劳是卫

---

① 巴黎附近名城，有大森林，有故宫等。
② 法国北部城名。
③ 罗曼·罗兰名小说之书名，亦为书中主人翁之名。此处系指后者言。

生的，因为这是睡眠的准备。

睡眠而若无痛苦的梦，则是一种环境的变换；但在一桩灾祸发生后的最初几夜，固定的思念即在梦寐之中亦紧随着我们的。睡眠的人在梦寐中重新遇到他的苦恼，会心惊肉跳地惊醒。如何能重复入睡呢？除了药石之外，有没有精神上的安神方法呢？下面一个方式有时还灵验：即强使自己回忆童年的景象，或青年时的经过。试令自己在精神上生活在你从前未有痛苦的时间内。于是，心灵会神游于眼前的痛苦尚未存在，甚至还不解痛苦的世界内，把你的梦一直引向那无愁无虑的天国中去。

惯在悲哀中讨生活的人会呻吟着说："这一切都是徒然的，你的挽救方策很平庸，毫无效力。什么也不能使我依恋人生，什么也不能使我忘掉痛苦。"

但你怎么知道？你有没有试过？在否认它的结果之前，至少你得经历一下：有一种"幸福的练习"（Gymnastique du bonheur），虽不能积极产生幸福，可能助你达到幸福，能为幸福留出一个位置。我们可以举出几条规则，学着梵莱梨的说法，是秘诀。

第一个秘诀：对于过去避免作过分深长的沉思。我不是说沉思是不好的。一切重要的决定，几乎都得先经过沉思，凡有确切的目标的沉思是没有危险的。危险的是，对于受到的损失，遭逢的伤害，听到的流言，总而言之对于一切无可补救的事情，加以反复不已的咀嚼。英国有一句俗谚说："永勿为了倒翻的牛乳而哭泣。"狄斯拉哀利（Disraëli）[1]劝人说："永勿申辩，亦永勿怨叹。"笛卡尔有言："我惯于征服我的欲愿，尤甚于宇宙系统，我把一切未曾临到的事，当作对于我是不可能的。"精神应时加冲刷、荡涤、革新。无遗忘即无幸福。我从未见过一个真正的行动者在行动时会觉得不幸。他怎么会呢？如游戏时的儿童一般，他想不到自己，而过分地想着自己便是不健全的。"为何你要知道你是鱼皮做的或羊皮做的？为何你把这毫不相干的问题如此重视？你难道不能在你自身之外另有一个利害中心而必集注自己直到令人作呕的地步么？"[2]

由此产生了第二个秘诀：精神的欢乐在行动之中。"如我展读着朋友们的著作，听他们的谈话，我几乎要断言幸福在现代世界中是不可能的了。但当我和我的园丁谈话时，我立刻发觉上述思想之荒谬。"[3]园丁照料着他的西红柿与茄子，他对于自己的行业与田园都是熟悉的，他知道会有美满的收获，他因之自傲。这便是一种幸福，这是大艺术家的幸福，是一切创造者的幸福。对于聪慧之士，行动往往是为逃避思想，但这逃避是合理的健全的。"愿而不为的人酿成疫病。"我们亦可说："思而不行的人酿成疫病。"理智而转向虚空方面去，有如一架抛了锚的发动机，所以是危险的。在行动中，宇宙的矛盾和人生的错综，不大会使人惶乱；我们可以轮流看到它们相反的面目，而综合却自然

---

[1] 英国维多利亚朝大政治家，现译迪斯累利。
[2] 见D. H. Lawrence书信卷二，页147。——原注
[3] Bertrand Russell语。——原注

而然会产生。唯在静止中,世界表面的支离破灭方变成惹起悲哀的因子。

单是行动犹嫌不足,还常和我们的社会一致行动,冲突而永存不解,则能磨难我们,使工作变得艰难,有时竟不可能。

第三个秘诀:为日常生活起见,你的环境应当择其努力方向与你相同,且对你的行动表示关心的环境。与其和你以为不了解你的家庭争斗,与其在这争斗中摧毁你的和别人的幸福,孰若去访求与你思想相同的朋友。若你是信教的,便和教徒们一起生活;若你是革命者,便和革命者一起生活。这亦不妨害你去战胜无信仰的人,但至少你那时在精神上有同志可以依傍。成为幸福,并不如一般人所信的那样,需要被多数人士钦佩敬仰。但你周围的人对你的钦敬是不可少的。玛拉美(Stéphane Mallarmé)① 受着几个信徒的异乎寻常的爱戴,较诸那般明知自己的光荣被他们心目中敬爱的人轻视的名人,幸福得多了。修院使无数的心魂感到平和安息,因为他们处于思想、目的完全相同的集团中。

第四个秘诀:不要想象那些遥远的无可预料的灾祸以自苦。几天以前,在蒂勒黎公园中,儿童啊,喷泉啊,阳光啊,造成一片无边的欢乐,我却遇到一个不幸的人。孤独地阴沉地,他在树下散步,想着财政上的军备上的祸变,为他,他和我说,在两年前已经等待了的。"你疯了么?"我和他说,"哪一个鬼仙会

---

① 近代法国诗人,现译马拉梅。

知道明年怎样？什么都艰难，太平时代在人类历史上是既少且短的。但将来的情形，一定和你悲哀的幻想完全不同。享受现在吧。学那些在水池中放白帆船的儿童吧。尽你的责任，其余便听上天去安排。"

当每个人对于世间的事故能有所作为时，应当想到将来。一个有作为的人不能为宿命论者。建筑师应当想到他经造的房屋的将来，工人应当想到他老年时的保障，议员应当想到他投票表决的预算案的结果。但一经选择，一经决定，便得使自己的精神安静。若是预测的原素不近人情或超越人情时，预测无异疯狂。"广博而无聊的哲学，浮泛的言辞的大而无当的综合，才会随便谈着几百年的事和一切进化问题，真正的哲学顾虑现在。"①

最后一个秘诀是为那些已经觉得一种幸福方式的人的：当你幸福的时候，切勿丧失使你成为幸福的德性。多数男女在得意时忘记了他们借以成功的谨慎、中庸、慈爱等等的优点。他们因得意而忘形而傲慢；过度的自信使他们抛弃稳实的工作，故不久他们即不配享受他们的幸运了。幸运变成厄运。于是他们惊相骇怪了。古人劝人在幸福中应为神明牺牲，实有至理，萨摩王巴里克拉德，把他的指环奉献神明②，但将巴里克拉德的指环掷向大海

---

① 见Chesterton：Orthodoxie。——原注
② 萨摩（Samos）为爱琴海东岸一小岛，昔属土耳其，今归希腊。公元前7世纪至6世纪中，有王巴里克拉德（Polycrate），安享荣华垂四十年。唯古训对于幸运时期过长的人，素视为不吉；故巴氏将其最心爱之指环投入海中，祭献神明，冀邀神宥俾获善终。但指环在鱼腹中复得，为神明拒受之兆。不久，故军攻入，巴氏被钉死十字架上。——译者注

的方式不止一端。最简单的是谦虚。

这些秘诀并非我们发明的；自从有哲人与深思之士以来，即有此种教训。顺从宇宙的偶然，节制自己的愿欲，身心的融洽一致，这是古人们所劝告的，无分制欲派或享乐派，这是玛克奥莱尔的道德，是蒙丹的道德，亦是现代一切明哲之士的道德。

"怎么？"反对明哲的人（是尼采，是奚特——但奚特是那么错综，有时亦是明哲——在新的一代中也许是玛洛）会说，"怎么！接受这种平板庸俗的命运？……这种凡夫俗子的幸福？……拒绝艰难奇险的生活？……屈服，顺从？……你贡献我们这些么？我们不要幸福，我们要英雄主义。"

——哦！反对明哲的人，你们有一部分理由，我将试着表明幸福并非屈服、顺从，并非安命，而是欢乐。但你们以为明哲本身不就是一种英雄的斗争，这便错了。所谓安于世变，是在世变并不属于我们的行为限度内，可绝非对于自己的一种怠惰的满足。我们顺受大海及其风波，群众及其激情，人及其冲突，肉体及其需要，因为这是问题的内容，若是接受时，无异对一个幻想的虚妄的世界徒发空论了。但我们相信可能稍稍改变这宇宙，在风浪中驾驶，控制群众，尤其是改变我们自己。我们不能消灭一切疾病、失败、屈服的原因（你们也不见得比我们更能够），但我们可把疾病、失败、屈服，造成一个战胜与回复宁静的机会。

"人并不企求幸福，"尼采说，"只有英国人才企求。"又说："我不愿造成我的幸福；我愿造成我的事业。"可是为何我们不能在造成事业之时亦造成我们的幸福呢？幸福并非舒适，并非快感的追求，亦不是怠惰。一个冷酷的哲学家也和大家一样寻求幸福，只是他有他的方式罢了。

> 我相信奴隶终于嫉妒他的铁链，
> 我相信鹰鸷之于柏洛曼德亦是温和亲切①，
> 伊克孙在地狱中亦颇自喜②。

当一个人爱他的鹰鸷时，即是说他并非轻蔑幸福，而是在他的心肝被鹰鸷啄食之中感到幸福，或因为此种痛苦能使他忘记另一种更难受的内心的痛苦。关于此种问题，各人总是为了自己说法的。

实际是，制欲派的明智只是趋向幸福的途程中的第一阶段。它把精神上一切无谓的苦闷加以扫荡，替幸福辟出一个地位。它勒令最无聊最平庸的情操保守缄默。这第一步斩除荆棘的使命尽了之后，幸福的旋律方能在它创造的氛围中，响亮起来。但这真实的幸福究竟是什么呢？我相信它是与爱、与创造的喜悦，换言之，与自我的遗忘混合的。爱与喜悦可有种种不同的方式，从两人的相爱起直到诗人所歌咏的宇宙之爱。

"凡是没有和爱人一起度过几年、几日、几小时的人，不知

---

① 希腊神话：火神柏洛曼德（Prométhée，现译普罗米修斯）代表人类最初的文明。他用泥土造了人以后，又从天上偷了火来使他活动。邱比特把邦陶尔带着一只致命的匣子给他的弟弟爱比曼德（Epimétée），把柏洛曼德钉在高加索山巅，让鹰鸷啄食他的肝，啄食完了，明天再生出来给它们啄食。——译者注
② 伊克孙（Ixions，现译伊克西翁）亦神话中的英雄，被罚入地狱推动火轮。

美好的人生

幸福之为何物，因为他不能想象此永续不断的奇迹，会把本身很平凡的事故及景色造成生命中最神奇的原素。"史当达是最懂得爱与幸福合一的人之一。我再可引述一遍他描写邓谷（Fabrice del Dongo）的幸福。他幽闭在西班牙牢狱中，什么都值得惧怕，尤其是死。但于他毫不相干。这些渴望的、可怖的日子，因了克莱丽娜（Clélia）短时间的显现而变得光明灿烂：他幸福了。

凡是一个青年能借一个女子的爱而获得的幸福，做母亲的能借母爱而获得，做首领的能借同伴的爱戴而获得。艺术家能借作品之爱好而获得，圣者能借神明之敬爱而获得。只要一个人整个地忘掉自己，只要他由于一种神秘的动作而迷失在别种生命中，他立刻沐浴在爱的氛围中了，而一切与此中心点无关的世变，于他显得完全不相干。"一个不满足的女人才爱奢华，一个爱男人的女人会睡在地板上。"为那些在别一个人身上寻求幸福的人，所难的是选择一个能回报他们的爱的对手。不幸的爱情也曾有过幸福的时光，只要自我的遗忘是可贵的话。如葛利安之于玛侬，一个男人为女人牺牲一切，即使这女人骗了他，他亦感得一种痛苦的快感。但相互的爱，毫无保留而至死方休的爱所能产生的幸福，确是人类所能得到的最大的幸福之一了。

不错，若一个人所依恋的对象是脆弱的生物时，更易受到伤害。凡是热烈地爱一个女人、爱儿童、爱国家的人，易招命运之忌，授予命运以弄人资料①。从此，命运得以磨难他，虽然他很壮实，得以挫折他，虽然他很有权势，可以迫使他乞恩求宥，虽然他很勇敢，虽然他不畏苦难。他在它的掌握之中。他因爱人的高热度所感到的狂乱烦躁的痛苦，会比他自己的疾病或失败所致的痛苦强烈万倍。强烈万倍，因为一个病人是被疾病磨炼成的，被热度煽动起来的，被疲乏驯服了的，但一个并不患病而恋爱的人，却因所有的精力都完满无缺之故，更感痛苦。他爱莫能助。他愿自己替代她，但疾病是严酷的、冷峻的、专制的，紧抓着它选中的牺牲者。因为自己没有受到这苦难，他自以为于不知不觉中欺骗了爱人。这是人类苦难中最残酷的一种。

在此，我们的制欲派的明智又怎么办呢？它不将说把自己的命运和脆弱的人的命运连接得如是密切是发疯么？蒙丹也岂非不愿把人家的事情放在"肺肝之中"么？是啊，可是蒙丹自己也将痛苦，如果那个牺牲者是他的好友鲍哀茜的话。不应当否认冲突，冲突确是有的。基督教的明智所以比制欲派的更深刻者即因为它承认冲突之存在。唯一的完满的解决，只有单去依恋绝对不变之物，真诚的宗教徒能有微妙的持久的幸福，也是如此。但人的本能把我们联系于人的一切。在真正的爱情没有被视作儿戏的一切情形中，明智总不会丧失它的价值。它驱除虚妄的灾祸，祛除疯狂的预测，令人不信那些徒为空言的不幸。

① 此处以上文萨摩王之故事为隐喻。——译者注

因为阻止你达到幸福的最严重的障碍之一是，现代人士中了主义与抽象的公式的毒，不知和真实的情操重复亲接。动物与粗犷的人更为幸福，因为他们的愿欲更真实。洛朗斯曾言："一头母牛便是一头母牛。"它不会自以为水牛或野牛。但文明人，有如鹦鹉受了自己的嚼舌的束缚一般，老是染着无谓的爱憎病。

在蕴藏着多少的"幻想的不幸"的精神狂乱中，艺术家比哲学家更能帮助我们重获明显的现实。学者应当是相对论者，因为他在摸索中探寻灵效的秘诀与近似的假设。唯有神秘的认识或是艺术或是爱或是宗教，才能触及对象本体，唯有这认识方能产生心灵的平和与自信，方能产生真正幸福。画家玩味着一幅风景，努力想确定它的美点，目光直注着的对象好似要飞跃出来一般去抓住全部的美，当他如是工作的时候，他感到绝对的幸福。狄更斯在《圣诞颂歌》（*Cantique de Noël*）中，描写一个自私而不幸的老人怎样突然遇到了幸福，于他一向是不可思议的幸福，因为那时他爱恋着几个人物，而这种爱恋使他摆脱了抽象的恶念。当我们在一霎间窥到了宇宙的神秘的统一性时，当浑噩的山岗、摇曳的丛树、云间的飞燕、窗下的虫蚁，突然成为我们生命的一部分，而我们的生命又成为世界生命之一部分时，我们由于迅速的直觉，认识了宇宙之爱，不复徒是乐天安命的态度而达到了《欢乐颂歌》所表白的境界[①]。

[①] 《欢乐颂歌》（Hymne à La Joie）是席勒（Schiller）著名的诗篇，贝多芬《第九交响乐》末段大合唱歌词，即采用此诗。——译者注

"你愿知道幸福的秘密么？"这是数月前伦敦《泰晤士报》在"苦闷栏"内刊布的奇异告白。凡写信去的人都收到一封回信，内面写着圣者玛蒂安（Saint Matthien）的两句名言："你要求吧，人家会给你；寻找吧，你会获得；叩门吧，人家会来开启。因为无论何人，要求必有所得，寻找必有所获，而人家在你叩门时必开启。"这的确是幸福的秘密，古人亦有同样的思想，只是用另一种方式罢了，他们说邦陶尔匣子（即潘多拉盒子）里的一切灾祸飞尽之后，底下剩有"希望"。求爱的人得爱，舍身友谊的人有朋友，殚精竭虑要创造幸福的人便有幸福。

但只限于此种人而已。我们少年时，我们在无从置答的方式下提出问题，我们问："在一切观点上都值得爱慕的男人或女人，我怎么能找到呢？我怎样能找到一个毫无瑕疵的朋友值得我信任呢？何种才是能永远保障我国的完满的法律？在何种场合何种技艺中才能遇到幸福？"这样提出的人生问题是没有一个明智之士能够解答的。

然则何者方为真正的问题？我希望在这次检讨之后，我们对于此问题能有较为明白的观察。何处我能找到一个与我同样残缺的人，能以共同的志愿，在宇宙间在变幻中造成一个托庇之所？何者才是难能而必需的德性，能使国家在残缺的制度之下生存？凭借了纪律，忘记了我的恐惧与遗憾，我的精力与时间可以奉献给何种事业？我能造就的是何种幸福，用何种爱去造成这幸福？

在多少抑扬顿挫式的曲折之后，还须学着贝多芬的坚持固执的格调，如在一阕交响乐之终，反复不厌地奏着圆满的和音一般，还得把幸福的题旨重说一遍么？永续的平衡状态在人事中是不存在的。信仰、明智、艺术，能令人达到迅暂的平衡状态。随后，世界的运行、心灵的动乱，破坏了这均衡，而人类又当以同样的方法攀登绝顶，永远不已。在固定的一点的周围，循环往复，嬗变无已，人生云者，如是而已。确信有此固定的中心点时即是幸福。最美的爱情，分析起来只是无数细微的冲突，与永远靠着忠诚的媾和。同样，若将幸福分析成基本原子时，亦可见它是由斗争与苦恼形成的，唯此斗争与苦恼永远被希望所挽救而已。

恋爱与牺牲

译者序

幻想是逃避现实，是反抗现实，亦是创造现实。无论是逃避或反抗或创造，总得付代价。

幻想须从现实出发，现实要受幻想影响，两者不能独立。

因为总得付代价，故必需要牺牲：不是为了幻想牺牲现实，便是为了现实牺牲幻想。

因为两者不能独立，故或者是幻想把现实升华了变做新的现实，或者是现实把幻想抑灭了始终是平凡庸俗的人生。

彻底牺牲现实的结果是艺术，把幻想和现实融和得恰到好处亦是艺术；唯有彻底牺牲幻想的结果是一片空虚。

艺术是幻想的现实，是永恒不朽的现实，是千万人歌哭与共的现实。

恋爱足以孕育创造力，足以产生伟大的悲剧，足以吐出千古

不散的芬芳；然而但丁、歌德之辈寥寥无几。

恋爱足以养成平凡性，足以造成苦恼的纠纷：这样的人有如恒河沙数。

本书里四幅历史上的人物画，其中是否含有上述的教训，高明的读者自己会领悟。

二十四年岁杪 译者

本书第一篇叙述歌德写《少年维特之烦恼》的本事，第二篇叙作者一个同学的故事，第三篇叙英国名女优西邓斯夫人（Mrs. Siddons 1755—1831）故事，第四篇叙英国名小说家爱德华·皮尔卫-李顿爵士（Sir Edward-Bulwer Lytton 1805—1873)故事，皆系真实史绩。所记年月亦与事实相符，证以歌德之事可知。

本书初版时附有木版插图数十幅，书名《曼伊帕或解脱》，后于Grasset书店版本中改名《幻想世界》，译者使中国读者易于了解计擅改今名。

本书包含中篇小说四篇，但作者于原著中题为《论文集》，可见其用意所在。

——译者附

楔　子

婴儿的第一个保姆简直同神明一样。法朗梭阿士一生下来,便看见摇篮旁边的这张又和气又严厉的面孔,以为它是开天辟地以来就有的。

她觉得她生存的世界尽够满意,用不到想象另一个世界,靠神怪的生物来餍足她的欲望,她的幸福使她和种种的神奇美妙无从接近。

她看了木偶戏回来说:"有些小姑娘害怕鳄鱼,我却明明看见是一条木块,外面缝着绿的布。"

——那么,法朗梭阿士,你看不看见魔鬼?

——哦,这算什么?不过是野人一般的东西罢了。

有时候,一种可以信为天长地久的制度,竟被一桩出乎意料的变故推翻了。并非保姆被打倒,可是她为了爱情而退职了。她一走,法朗梭阿士觉得所有的习惯、仪式、软弱的小脑筋里唯一的机轴，和她同时消灭了。一年之中，换了几个政府，都是脆弱的，没有德行的。粗野的雷奥尼，侮慢不恭的安越尔，软弱的潘脱丽克小姐，那些胡闹的家伙，每人都要定下短时间的法律。

什么也不晓得尊重的雷奥尼会有什么威权么？起床、洗澡、用餐那些神圣的时间，她都不知道。就是告诉了她，她还要出言不逊。"你的奶妈是一个疯女人。"她说。法朗梭阿士先是愤怒，继而奇怪，觉得打倒偶像也是怪有趣的。

她生在大战的前夕，父亲在当兵，她只看见他是一个粗鲁的战士，也不常在家。她最爱她的母亲，比世界上的一切都爱。但那时母亲又烦恼又疲倦，不能常常监护她。并且，只有爱而没有纪律也不能养成有规律的心。这头小动物在懂得守规矩的年龄，竟还像野兽一样。

这个粗俗的雷奥尼被她打，被她搔，被她咒骂："可恶的东西！我恨你！你活着使我受苦！但愿你早死！"她怎么会这样地痛恨她呢？这些说话她从哪里听来的呢？

雷奥尼吓跑了，让位给一个爱尔兰女人，病态的，常常要发抖的。"爱尔兰人和英吉利人不同的地方，是爱尔兰人的性灵更加丰富些！"潘脱丽克小姐这样说。她又道："我的父亲带着狗穿着红衣去打猎，我呢，我不喜欢小孩子。"

法朗梭阿士很快地把潘脱丽克小姐判断定了，因为她有些不会作假，就把她的断语告诉了她。

可是不规则的事情渐渐加多了。这个小妮子，大家以为可以随着自己的意思要她怎样便怎样的小妮子，突然多了一副奇怪的怕人的样子。常常吵闹，发脾气，强项地索要和无理地反复。一天早上，她忽然不愿上学，她竟不上学。过了一天，她要人家带她去看马戏，临时却说她改变了意见。

——法朗梭阿士，这真荒唐，你已经叫人家把位置都定了。

——我不去了。

——她不去了；潘脱丽克小姐说，她眼见这种无可奈何的事气得声音都发抖了。

——够了，她的父亲说。太笑话了。你一定要去，就是你穷嘶极叫我也要拉你去。

这样一说，法朗梭阿士便大叫大嚷了一阵，从她的叫喊声中可以听出她故意装成这样暴怒。时间已经晚了，要走也来不及了。

——这非把她惩戒一番不行。她应当懂得一切信约都得遵守。罚她今天饭后没有点心。

——好吧，她的母亲叹了一口气说，她饭后没有点心。

可是等到吃完饭的时候，法朗梭阿士撒娇地坐在母亲膝上，喃喃地说："妈妈，你，你给我一块糖吧？"她很难过，觉得自己比女儿受到更凶的惩罚。她望望她的丈夫，他呢，是说一不二的人，对她示意，叫她坚持到底。究竟她也不敢让步，但为抚慰女儿的悲伤起见，想出了一个好法子：

——你欢喜的那几种已经完了，可怜的小宝贝。

可是，自从我们这个小蛮子经过了这些痛苦的争执以后，她剧烈地，模模糊糊地觉得需要一种幻想生活。但丁造一个地狱来

安放他的敌人。不幸的莫利哀把他的厄运造成了他的天才，法朗梭阿士也发明了曼伊帕（Meïpe）。

曼伊帕是她发明的一个城市，一个国家，或竟是一个宇宙。从今以后，凡是外界对她显得敌害时，她便往那边躲。

——我们今晚要出去，法朗梭阿士。

——我和你们一起去。

——那不可以。

——啊！那么，算了吧，我，我可到曼伊帕去用晚餐。

在曼伊帕，她从来不哭。大家整天在大花园里玩。"所有的人都作乐。"做父亲的也不一天到晚地看书。人家要他玩纸牌的时候，也不推说："我有事情。"而且孩子们可以在商店里选择他们的父母。到了八点钟，大家打发大人去睡觉，男孩子们领着女孩子们看戏去。

凡是法朗梭阿士饭后没有点心吃的时候，曼伊帕的糕饼师立在店铺门口把糕果分给路过的人。法朗梭阿士哭过的晚上，曼伊帕千千万万的灯光直透过她的泪眼，比别的日子更加美丽了。在曼伊帕，街车停在街沿上，把中间的大路留给孩子们走。买一本两个铜元的画册，店里的人还你十万个铜元。

——可是法朗梭阿士，你，你不用买书啊，你还认不得字呢。

——我认得曼伊帕的文字。

——曼伊帕有些什么最好的书呢？

——大家都知道是班尔葛和弗罗贝。

——什么？

——你不会懂的，这是用曼伊帕的文字写的。

——但曼伊帕在哪里呢，法朗梭阿士？在法国么？

——喔！不！

——那么离这里很远吧？

——曼伊帕？还不到一尺远。

曼伊帕在我们的花园里，可也不在我们的花园里，好像我们的屋子正在曼伊帕与地球的交叉点上。

大艺术家都有创造另一世界的特权，那个世界，对于一般认识过的人是和实在的世界同样地不可少。我们的朋友，一个一个都发现了法朗梭阿士的神秘的王国，想到幸福而只希望在曼伊帕方能找到的人，也不止一个了。

美好的人生

少年维特之烦恼

人家说他那么易于动情,只要遇见一个中意的女子便想博取她的青睐,如果失败了,便把她画成图像;于是他的热情熄灭了。

——《画家弗拉·斐列卜·李比传》

一、史德拉斯堡

从佛朗克府来的驿车停在"精神客店"门口;一个德国学生卸下行装,午餐也不用,便像疯子一般跑向大教堂去了。这种行动使客店主人吃了一惊。寺塔的守卫们看他爬上塔去时也面面相觑,有些张皇。

洛昂堡建筑的峻峭的线条周围,层层叠叠布满着三角形的屋顶。中午的阳光照在阿尔萨斯的平原上面,四野里尽是村落,森林与葡萄园。这时候,每个村中的少女少妇都在出神。这幅风景于他不啻是一张新鲜的画,他的欲望已在上面勾勒出多少可能的与不同的幸福。他一面眺望一面体味那期待未来的爱情时的幸福,甜蜜的、游离恍惚的期待啊!

他以后常到这里来。塔顶的平台,高悬在教堂别部分的房屋之上,他立在上面就好像腾在空中一样。

最初他觉得神迷目眩。幼时长期的疾病还遗下一种病态的感觉,使他怕空虚,怕喧嚣,怕黑暗。他想治好这种衰弱。

这片广大的原野,在他心中原只是一张白纸,慢慢地可被人名与往事点缀起来了。此刻,他一眼望见萨凡纳,是韦朗领他去过的地方,他亦望见特罗森埃,那边有一条小径,通过美丽的草场,直达斯森埃。那里有一座乡间的牧师住宅,四周围着园子,墙上绕着茉莉花,屋子里住着可爱的弗莱特丽克·勃里洪。

在天际,连绵的山岗后面,群堡的塔尖后面,阴云慢慢地集合拢来。这位大学生的思想却凝注在三百尺下街头熙熙攘攘的渺小的人身上。他酷想参透他们的生命,那些表面上各不相关而实际却是神秘地联系着的生命,他酷想揭开大众的屋顶,窥视那些隐秘的奇异的行为,唯有从这行为上才能了解人类。他前夜在傀儡剧场看过上演浮士德的神话。他仰望着在钟楼顶上驰骋的黑云,仿佛浮士德突然在空中飞过,使他出神了。"我?假使魔鬼以权势、财宝、女人的代价要我订如浮士德般的约,我签字不签字呢?"经过了一番坦白的简短的考虑之后,他对自己说:"可以为了求知而签约,但不能为了占有世界⋯⋯好奇心太强了啊,朋友。"

下雨了,他走下狭窄的螺旋式的梯子。他想:"写一部《浮士德》么?已经有好几部了……但史比哀斯、虔敬的维特曼等都是些庸俗的作家。他们的浮士德是一个粗俗的恶棍,是他的卑鄙无耻把他罚入地狱的……魔鬼上了当;但他始终没有放过浮士德……我的浮士德么?……那将更伟大,像希腊神话中帕罗曼德(Promethëe)[①]一流的人物……被神明谴责么?是的,或许要如此,但至少是为胆敢窃取神明的秘密之故。"

寺里的花玻璃窗映出一道阴沉柔和的光。几个女人跪在黑暗中祈祷。大风琴发出模糊的呜咽声,好似一只温柔的手在琴上抚弄。歌德望着穹窿。平时他在一株美丽的树木前面,常会觉得自己和树木融合为一,参透它的妙处。他的思想如树脂一般升到树枝,流入树叶,发为花朵,结为果实。教堂里哥特式的弧形拱梁,使他想起同样茂密同样雄伟的组织。

"有如自然界的产物那样,此世的一切都有存在的意义,一切都和总体相配……一个人真想写几部如大教堂般伟大的大著……啊!要是你能把你所感的表白出来,要是你能把胸中洋溢着的热情在纸上宣泄出来……"

只要他深思自省,他便在自身中发现整个的世界。他不久之前才发现莎士比亚;他对他于钦佩之中含有几分估量敌手的心思。怎见得他将来不是德国的莎士比亚呢?他有这等魄力;他自己很明白,但怎样抓住它呢?这活泼泼的力量,给它怎样的一

---

① 神话中以窃取天国火种而获罪的神。

种形式才好呢？他渴望能有一天，把握定了他的情感，把它固定了，如教堂里这些巍峨雄伟的天顶般屹立云霄。也许从前的建筑家，在真正的大寺未实现前，也曾对着梦想中的大寺踌躇怅惘过来。

要有一个题目么？题目多着呢。哥兹·特·倍利钦根骑士的故事……浮士德……还有日耳曼民间的牧歌，可用希腊诗人丹沃克列德（Théocrite）式的特格，但将是非常现代的东西。再不是写一部穆罕默德……写一部帕罗曼德……不是么？一切使他可和世界挑战的题目都是好的。用波澜壮阔的局面，把自己当模型，描画出种种英雄；再用他内心的气息度与他们，赋予生命，这种巨人的事业一点也不使他害怕……或者还可写一部凯撒……他的一生简直不够使他实现那么多的计划。他的老师赫特说过他有如"空自忙乱的飞鸟"。但必得多少的意象，多少的情操，生活过千万人的生活，才能充实这些美妙而空洞的轮廓。他常常说："目前什么都不要，但愿将来什么都成功。"

目前什么都不要……即使做可爱的弗莱特丽克的丈夫也不要么？不，连这个也不要。

他想象弗莱特丽克伤心哭泣的样子。他种种的行为都曾令人相信他定会娶她，她的父亲勃里洪牧师也待他如儿子一般，在这种情形之下，他难道真有离开她的权利么？"权利？在爱情中也有什么权利么？而且这桩艳遇给予她的愉快绝对不减于我！弗莱特丽克岂非一向懂得佛朗克府歌德参议的儿子决不会娶一个美丽的乡下姑娘么？我的父亲会有答应这件婚事的一天么？她一朝处在全然不同的社会里时也会幸福么？

——诡辩啊！即使你要欺弄人，至少得坦坦白白地欺弄。歌德参议的儿子不见得强过牧师的女儿。我的母亲比弗莱特丽克的母亲还要穷苦。至于我和她所处的社会之不同，那么，上年冬天，她在史德拉斯堡几个世家的光滑的地板上跳舞时，不是挺可爱的么？

——说得对啊，但怎么办呢？我不愿……不，我不愿……娶她，无异把自己限制得渺小。人生的第一要义，在于发展自己所有的一切，所能成就的一切。我，我将永远保持我歌德的面目。当我说出我自己的名字时，我是把自己的一切都包括在内的。我的长处，我的短处，一切都是善的，自然的。我爱弗莱特丽克也并没错，因为我那时感到要爱她。假使一朝觉得需要避开她，把我自己洗刷一下，那么我仍旧是歌德。我如此这般地做，便是理应如此这般的。

这时候，他想象弗莱特丽克哭倒在路旁，他骑着马慢慢走远，低着头回也不敢回一下。"这倒是《浮士德》中出色的一幕！"他想。

二、惠兹拉

一纸盖着红印的文凭使大学生获得了律师的资格。被弃的弗莱特丽克哭了。歌德博士的马急急奔向佛朗克府。心中虽然怀着剧烈的内疚。溜冰与念哲学书倒是有效的解脱方法。到了春天，歌德参议觉得为完成儿子的法学研究起见，免不得叫他到惠兹拉帝国法院去实习一遭。

在惠兹拉,除了这个空撑场面与贪污卑下的庞大的司法机关之外,还有德国几个主要君侯所设的使馆,在这省城中造成一个清闲快乐的小社会。歌德一到王子旅店,发现满座都是兴高采烈的青年随员与秘书。在初次的谈话里面,他觉得他们的思想正与自己的思想一般无二。

那时欧洲的知识阶级正经历着一个烦闷时期。各国的君王坐享太平已经有九年了;陈旧的政体还有相当的力量,使革命一时无从爆发;青年的狂热和社会的消沉对比之下,产生了一种烦躁厌恶的情绪,那是每个过渡时代的常有的忧郁,人们统称之为世纪病。惠兹拉一般青年随员,如所有同年龄的人一样,免不了感染这种苦闷。他们沉浸在书籍里,在卢梭与赫特的著作中搜寻思想的指示,在没有找到之前的惶惑的心境中,他们拼命喝酒。

和他们相似可又高过他们的歌德,很讨他们欢喜。和他们一样,他说话之间总离不了"自然……尊重自然……依照自然而生活……"一类的话头。因为"自然"是那时的口诀,有如那时以前的理智,那时以后的自由、真诚、强权等等。但在歌德心中自然不只是一个名词;他生活于其中,融化于其中,他自愿在自然前面放弃一切。当他的新交,那些外交官与文学鉴赏家们把自己幽闭在办公室里,装作至少还在工作的时光,歌德竟明白表示瞧不起帝国法院,表示他定要在荷马与邦达尔(Pindare)[①]的著作

[①] 公元前五六世纪时希腊抒情诗人。

中研究公法,他每天早上挟着一册书,走到惠兹拉的美丽的乡下去。春光是那样的明媚。在田野与草地中,树木仿佛是大束的红花白花。在一条小溪旁边,歌德躺在蔓长的草里,在无数的小植物中、在细小的虫蚁中、在蔚蓝的天色下面忘记了自己。自从在史德拉斯堡烦闷之后,在佛朗克府惶惑悔恨之后,他觉得心中展开一片清明的境界,激起一种狂热的情绪。

他打开荷马的集子,故事中合于近代的富于人间性的成分使他非常爱好。他眼前所见在喷泉旁边的少女,便好像纽西佳(Nausica)[1]与她的伴侣。客店大厨房里煮成的炙肉与小豌豆,就无异于潘纳洛帕(Pénélope)[2]的厨房与求婚者[3]的筵席。人物没有改变;书中的英雄并非僵死的石像,他们有血肉之体,有臃肿活动的手。如于里斯神(Ulysse)[4]一般,我们亦乘着一只破舟在大海中漂流,靠近无底的深渊,逃不出天神的掌握。当一个人躺在地上,枕着柔软的绿草,凝视着无垠的青天的时候,这一切显得多么可怕,又是多么可爱。

晚上,在王子旅店的圆桌周围,听歌德博士讲述他白天的发现,从此成为一件顶有趣的事。有时是一首邦达尔的诗,有时是他着意描写下来的一所乡村教堂,有时是某村广场上的几棵菩提树,一群孩子,一个美丽的农家妇。他有一种天才,能在他的叙

---

[1] 《荷马史诗》中救于里斯的女神。
[2] 于里斯之妻,亦荷马史诗中人物。
[3] 指潘纳洛帕的求婚者。
[4] 《荷马史诗》中的英雄,以冒险勇武著名。

述中间灌输几乎是天真的热情，使最琐屑的事情也富有风趣。他一进门，室内立刻生气蓬勃起来。要是换了别人，这等古怪有力的谈话一定不能为大家接受，但对他如潮水一般涌出来的谈吐，怎么抗拒得了呢？怎么能不佩服他的力量呢？"啊，歌德，这些青年中有一个对他说，教人怎能不爱你呢？"

不久，惠兹拉地方所有的人士都渴望要结识他。唯有两个青年秘书，虽然也没有结婚，却不和圆桌周围的人混在一起。一个是勃仑斯维克使馆里的耶罗撒拉，挺漂亮的青年，眼睛是蓝的，又温柔又忧郁。人家说他的孤独，是因为他对于某同僚夫人的爱遭受打击之故。他访问过两次歌德，他的悲观的言论倒很使歌德动情。但耶罗撒拉的性情太深藏了，不能结成真正的朋友。

另一个孤独者是哈诺佛使馆的秘书，名叫凯斯奈。他的同僚们提起他时总称之为"未婚夫"。实在他被认为已和当地的一个少女订过婚。他为人极是正经，故虽然很年轻，上司已把什么重大的责任交托他了。他的不参加王子旅店的聚餐也是因为不得空闲之故。最初，凯斯奈听了外交界中优秀分子称誉那位新到的人物的说话不免有些反感。但有一天，当他和一个朋友在乡间散步时，看见歌德坐在树下。两人立刻作了一次深刻的谈话，会见了二三次以后，凯斯奈自己也承认遇到了一个非常的人物。

受着周围的人的崇拜，解脱了一切世俗的与校课的拘束，春天又是那么美妙，歌德幸福了。有时，他的热情中间渗入一种闪电似的情绪，宛似一阵轻柔的涟波，漾过沉静的湖面……弗莱特丽克么？……不，在他温和宁静的思想上掠过的倒并不是这个念头。这又是一种烦躁的期望。如往日站在大寺顶上眺望阿尔萨斯一样,他爬上山岗远瞩惠兹拉。"我也还有一天,会在打开一个人家的门的时候快乐得颤抖么?……我还能在读着一节诗的时候马上联想起某个脸影么?在昏黄的月夜离别一个女子的时候,我能不能就感到黑夜太长,黎明太远么?……是啊,这一切都会来到,我觉得……可是弗莱特丽克……"

他记起一段往事:"当我幼年的时候,我种过一株樱桃树,看它慢慢长大,觉得说不出的快乐。初春的霜把嫩芽打坏了,我不得不再等一年才看到树上有成熟的樱桃。可是鸟儿来啄食了,接着一个馋嘴的邻人又来偷摘……但若我再能有一个园子的话,我还是要种一株樱桃树。"

歌德博士便是这样地在群花怒放的树下散步,完全被这期望中的爱情激动了;谁是他的新爱呢?只有这一点他不知道。

三、舞会

各使馆的青年们,惯在美好的节季里举行乡村舞会。大家齐集在村中一家客店里。有些骑着马来,有些带着惠兹拉的舞伴坐车来。当歌德第一次被邀加入这个节会时,大家商妥要他陪着两个姑娘去接夏绿蒂·蒲夫,人家简称为绿蒂的那位小姐。

她是端东兹善会主事蒲夫老先生的女儿,住着会里的房子,那是一所可爱的白庄。歌德独自下车,走过石框的门,穿过一个颇有贵族气概的院子,找不到一个人影,他便走进屋里去了。

一个青年的姑娘站在一群孩子中间给他们分烤面包。这是一个黄发蓝眼的女郎，脸上的线条并不匀正；在严厉的批评家看来或者不会觉得她美。但一个男人终生追求着的女性典型，往往为了说不出的理由只觉得她的那一类才能感动他。使歌德动情的，却是一种朴素的妩媚，日常生活中的轻倩的姿态。史德拉斯堡的弗莱特丽克已是一个田园女神了。这童贞活泼的女子模型，或者他早已在纽西佳，哪个公主、哪个洗衣女郎身上识得了。

夏绿蒂一路的谈话，对于自然的感觉，在舞会中表现的天真的欢乐，阵雨中会用小玩意给朋友们消遣的本领，竟征服了博士的心。他认为半月以来他所爱慕的女子，现在是毫无疑问地找到了，他非常快乐。

绿蒂，她亦看到自己很讨他欢喜。她也因之觉得很愉快。她听朋友们讲起这个神奇的天才已有一个月了。于是她使出唯有贞洁女子才有的那种卖弄风情的手段，也就是很危险的手段。

凯斯奈平时总比别人忙碌，他很细心，每封信都要起稿子，凡是寄往哈诺佛的文件，必得全部由他过目签名。他必要夜间很晚的时候方才骑了马来与朋友们会齐；从他的和少女的态度上面，歌德明白大家所说的未婚妻就是夏绿蒂·蒲夫。这桩发现使他非常失望，但他颇有自主力，仍旧毫不介意地跳舞，作乐，替大家助兴。

散会时天已破晓。歌德默默地送三个伴侣回去，穿过晓雾溟蒙的森林与雨后清新的田野。唯有他和夏绿蒂没有入睡。

——我请你，她和他说，不要为了我而拘束。

——只要你这对眼睛张开着，他望着她答道，我便不能阖

眼。

此后两人再没有一句话说。当歌德欠伸之间触着她温暖的膝盖时，他觉得这轻微的接触给他一种最强烈的快感。晨光的美，同伴酣睡的憨态，两人同感的愉快，造成一片甜蜜的心心相印的境界。

"我爱她了，"歌德想到，"这是毫无疑问的。但怎样会这样的呢？这时候，在斯森埃……那么？……一支情苗枯萎了，另一支又开花了。自然界的运行便是这样……但她是凯斯奈的未婚妻，我能有什么希望呢？……我需要希望么？……再去看她，看她在家和孩子们的生活，和她谈话，听她欢笑……这已够了……什么结果？那又谁知道？而且为何要预先打算一件行为的结果呢？……一个人应当如溪水的流动一般生活下去。"

慈善会里的人还在暗淡的晨光里酣睡；等到他们的车子停下时，歌德已完全沉浸在幸福里了。

四、夏绿蒂

到了明天，他去问候纽西佳，认识了阿尔西奴斯（Alcinoüs）[①]。蒲夫老先生才鳏居一年；膝下有十一个孩子，都在绿蒂温柔果敢的管治之下。歌德在初次访问时便博得老人与孩子们的欢心。他讲故事，发明新鲜的玩意。他的举动谈吐，都有几分青年的动人的魔力，叫人摆脱不得。

---

① 神话中纽西佳之父。

他临走的时候，全伙的小朋友要求他快些再来。绿蒂的微微一笑，表示她赞成这个邀请。明天，歌德又去了。办公室里什么事情也绊不住他，唯有在绿蒂面前他才快活，他决不放弃现存的幸福，早晚都在绿蒂家。不上几天，他已做了他们的常客。

夏绿蒂的生活，看来真是可爱。她的美点，正与歌德当年在弗莱特丽克身上那么爱好的一般无二：处理家事的时候，目的虽很实际，轻快潇洒的态度却怪有诗意。她整天操作，为年幼的孩子洗脸，穿衣，逗他们玩耍，同时监督大孩子的功课，老是很善意很谦和的样子。她领歌德到园里采果子，吩咐他剥豆壳或拣黄豆。黄昏时，整个家庭齐集在客厅里，她呢，叫歌德教古琴；夏绿蒂从来不让一个朋友闲着不做些有用的事。

绿蒂并非一个感伤的女子。她感觉灵敏，但没有余暇玩弄她的情操，且也没有这种欲望。她和歌德的谈话是有趣的，严肃的。他和她谈起他的生活、思想，有时也谈到荷马与莎士比亚。她相当的聪明，对于依恋着她日常生活的伴侣，颇能赏识他的才具。她觉得他的谈话都带着感情，或许竟是爱情，她很愉快，但并不慌乱。她知道自己的心很镇静。

"未婚夫"，他，却有些悲哀。他因为忠于外交官的职务，几乎整天不能分身。他来到绿蒂家，或是看见歌德在平台上坐在绿蒂脚下帮她理绒线，或是看见他们在园里挑选花朵。他们热诚地欢迎他，立刻和他继续已经开始的谈话，从来不因他的来到而羞怯怯地打断话头。可是凯斯奈猜到歌德一定不大高兴见到他。即使他自己，也更爱和夏绿蒂单独相处，但歌德自以为是常客，并不急于动身。因为两人都很贤明，都很有教养，故一点不露出难堪的情绪，但大家知道应当怎样地自处。

凯斯奈因为谦虚的缘故，更加来得着慌。他非常佩服他的情敌；觉得他很美，很有才智。最糟糕的是歌德很清闲，能在那些永远孤独的人身旁替他们排遣愁闷，这确是一种优势。

如果他能识得对手的心肠，他或者可以放心得多。从第一次相遇时起，歌德便知绿蒂不会爱他。像她那般性格的女人决不会因了一个歌德而牺牲凯斯奈。他有把握讨她欢喜，这已经了不起了。此外他能有什么要求呢？结婚么？不消说这是极可靠的幸福。但这种幸福他并不羡慕。不，现在这样，他已满足了。坐在她脚下，看她和兄弟们玩；他替她当了什么差事，或说了一句讨她欢喜的话时，希望她嫣然一笑。当他恭维她的说话过于直率时受着她抚摩般的轻轻一击：他在这种单调狭隘的生活中十二分的心满意足。

春天很暖和，大家在园子里过活。纯洁恬静的爱情故事，在歌德的日记里好似短篇的牧歌。他在建造了。当然不是大教堂式的建筑，但是矗立在美丽的郊野中的希腊庙堂。这些能有什么成就呢？他懒得想。他慢慢地把自己的行为当作自然的现象。

黄昏渐渐有了妙景。凯斯奈来到时，三人同去坐在平台上，一直讲到很晚的时光。有时，遇着月夜，他们便在田间与果园中散步。他们的交情已到了知己的程度，谈话格外有味。他们什么都谈，抱着互相尊重互相敬爱的态度，唯其如此，他们才能领受一种天真的乐趣。

三人之中谈话最多的是歌德。凯斯奈和绿蒂就爱鉴赏这副精明犀利的头脑。他讲他佛朗克府的朋友的故事，克勒当堡小姐啊，曼兹博士啊，那是一个古怪的家伙，眼光那么狡猾，谈吐那么迷人，老是在神秘的书中寻求解决。他说他自己曾和他一起念过炼丹术的书，把宇宙之间装满了空气神、水神、火神。他又说他对于虔诚派崇拜过很久。他觉得这一派的信徒，比较最能容受一种不讲究礼拜而侧重内心修养的宗教。后来他亦厌倦了，说："那些人都是不大聪明的庸才，以为世界上只有宗教，因为他们除了宗教以外什么也不知道。他们非常顽固偏执，定要把别人的鼻子捏成如他们自己的一般模样。"

歌德认为说神明在人身外这种概念，决不是真理。

"信神明永远在自己身旁，真是多么麻烦！为我，这将如普鲁士王老是跟住我一样了！"

女人欢喜的话题，除了爱情之外，便要数到宗教了。绿蒂对于这些谈话，听得非常有味。

歌德与凯斯奈把绿蒂送回家后，往往还要在惠兹拉静寂的街上徘徊很久。阴森的黑影被皎白的月光冲破了。清晨两点钟的时候，歌德高踞在墙上念着激昂慷慨的诗句。有时他们听到蹀躞的脚步声，一会儿后，看见年轻的耶罗撒拉走过，低着头一个人慢慢踱去。

——啊！歌德说……患着相思病的人啊！于是他放声大笑。

五、是时候了……

春去夏来，温情演为欲望。绿蒂太可爱了。歌德太年轻了。有时，在园里的小径中，两人的身体摩擦一下。有时，在清理搅乱的线团的晨光，或在采一朵鲜花的当儿，他们的手碰在一块。回想起这些，歌德终夜不能入寐。他焦灼地等待天明，天明了他才可再见绿蒂。在他们俩最幽微的情愫中，他又发现以前在弗莱特丽克身旁激动的情感，旧时心境的回复，使他对自己不满。

"第二次的爱情证明爱情难以永久，也即是毁灭了'永恒'与'无穷'的观念。"既然爱情也得再来一遭，足见人生只是一场平凡可怕的喜剧罢了。

八月里闷热的天气，使他连家常琐屑的工作也干不了，尽着一连几小时地空坐在绿蒂脚下。他慢慢地胆子大了。有一天，他吻了她一下。严正不苟的"未婚妻"立刻告诉了凯斯奈。

在那多情的严肃的秘书方面，这种情形确亦难以应付。假使对绿蒂的无心的轻狂，说一句唐突的或埋怨的话，什么都会弄糟了的。但凯斯奈很会运用爱人细腻熨帖的手腕。对于绿蒂，他只表示很信任她，并且依她的要求，让她去叫歌德明白他的地位。晚上，凯斯奈走的时候，她叫歌德博士慢走一步，告诉他不要误会她的感情，说她只爱她的未婚夫，她永不再爱别个男人。凯斯奈看见歌德在后赶上来，低着头很忧郁的样子，他觉得自己很幸福、很善心，非常同情他了。

从此，三个朋友中间有一种奇妙的温柔的默契。歌德尽情倾吐的榜样，使凯斯奈和夏绿蒂也有了吐露衷曲的习惯。晚上，大家把歌德对于绿蒂的爱作了一次冗长的讨论。他们讲起这件事情仿佛讲起一桩自然的现象，又危险又有趣。歌德和凯斯奈是同生日的，两人交换礼物，凯斯奈送给歌德的是一本袖珍的《荷马诗集》；绿蒂所送的，是他们初遇时她系在胸口的粉红丝带。

凯斯奈有过牺牲自己的念头。他没有对其余两人说起，只把他的意思写在日记里面。歌德比他更年轻、更美、更英俊，或者会使绿蒂更幸福。但绿蒂曾经向他保证，说她更爱他，说歌德那样光芒四射的天才难得会做一个好丈夫的。并且凯斯奈也很热恋她。当然没有这种勇气。

歌德表面上虽很快乐很自然，暗里却非常痛苦。绿蒂坚决的语气与明白的去取，损伤了他的自尊心。他有时受着强烈的热情冲动，竟当着凯斯奈紧握着绿蒂的手一面痛哭一面亲吻。

但即在最可怕的绝望的时间，他也知道在这些真切的悲哀之下，另有更深奥的一层，另有一番清明恬静的境界，将来有一天，他可把那里当作心灵的避难所。这正如一个受着风雨吹打的人，确知乌云之上太阳还是灿烂地照耀着，确知自己具有到达那个区域的能力；烦恼的歌德便预感到不久他将制服他的烦恼，而在描写烦恼的时候，或者反能感到一种辛酸苦辣的乐趣。

夜更短更凉快了。九月的玫瑰落叶了。歌德的古怪的朋友，那个才华盖世的梅克来到惠兹拉，认识了夏绿蒂。他觉得她很迷人，但瞒着歌德不说。他淡淡地扮一个鬼脸，劝歌德动身，去找别的爱。博士呢，稍稍有些恼恨，想起他所恋恋不舍的享乐确是无益的，折磨人的，要摆脱也是时候了。在夏绿蒂身旁过着幽密的生活，晚上觉着她的衣裾轻轻掠过，在凯斯奈冷眼觑视之下强使她表示些微好感。是啊，歌德固然依旧在这些上面觉得幸福；但他艺术家的心灵，对于那么单调的情感已经厌倦。此次的逗留使他的内心生活更加丰富，美妙的感情境界也认识更多；但精华已经汲尽，收获已经告成，应当动身了。

"真应当动身了么？我的心如钟楼上的定风针般打转。世界那么美；只享受而不思索的人多幸福。我因为做不到这步而常常着恼，我枉自发挥享乐现在的妙论……"

但世界在召唤他，希望无穷的世界在召唤他。"目前什么都不要，但愿将来什么都成功。"他有他的事业要干，有他的大教堂要建筑。所谓事业，究竟是什么呢？这是很神秘的，还包裹在"未来"这云雾里。但他确是为了这模糊的意境，要把眼前可靠的幸福牺牲。他强迫自己定下动身的日子，等到心志坚定之后，他可毫无顾虑地在热情中沉溺了。

他约他的两位朋友于晚餐后在园中相会；他在栗树下面等待他们。他们快要来了，亲热地、高高兴兴地来了；他们将把这次的夜会当作如往常的夜会一样。但这一晚是最后一晚了，是事变的主角歌德把它决定的；什么也更改不了他的主意了。离别是痛苦的，但觉得自己有一走的勇气时便快乐了。

他平生最恨装腔作势，这是从他母亲那里遗传得来的，他受不了离别时的儿女态。他要在静穆凄凉的快乐空气中和朋友们消磨这一晚。谈话中间，两个不知事情真际的人，定会使第三个人伤心，因为他是明白真相的；这种悲怆的境界他已预先感到。

想到这里，他出神了一会，忽然听见夏绿蒂与凯斯奈在沙地上走来的脚步声。他迎上前去，吻着绿蒂的手。他们一直走到小径尽头的浓荫里，在黑暗中坐下。惨白的月光照着园中的景色分外幽美，大家沉默了好久。后来夏绿蒂先开口说："我每次在月下散步时总要想到死……我相信我们会在彼世再生……但歌德，我们能不能重新相聚……我们能不能互相认得？……你以为怎样？……"

——你说什么，夏绿蒂？他错愕地答道。我们自然能够重新相聚，此世或彼世，我们一定能重新相聚！……

——我们的亡友，她继续说，还能知道我们的消息么？我们想起他们时的情绪，他们能不能感到？当我晚间安静地坐在弟妹中间，想起他们围绕着我有如围绕着母亲一样的时候，母亲的印象便鲜明地映现在我眼前……

她这样地讲了好一会，声音如夜一般柔和，如夜一般凄凉。歌德想，也许是一种奇怪的预感使夏绿蒂的语调变得这般凄恻，一反往常的情形。他觉得眼眶潮润了，他想避免的情感终竟涌上心头。当着凯斯奈的面，他握住绿蒂的手。这是最后一天了。还有什么关系？

——应当回去了，她温柔地说，是时候了。

她想缩回她的手，但他用力抓着不放。

——我们可以约定，凯斯奈兴奋地说，将来我们三人中谁先死，便当把他世界的消息传给两个后死的人。

——我们可以再见，歌德说，不论变成什么样子，我们可以再见……别了夏绿蒂……别了凯斯奈……我们可以再见。

——明天吧，我想。她笑着说。

她站起身来和未婚夫向着屋子走去。几秒钟内，歌德还瞥见白色的衣裾在菩提树下隐约飘曳，过后什么都不见了。

凯斯奈走后，歌德在可以望到屋子正面的小路中彷徨了一会。他看见一扇窗亮了；这是夏绿蒂的卧室。过了一会，窗子重新漆黑。夏绿蒂睡了。她一点也不知道。小说家似的他满足了。

次日，凯斯奈回到寓所，发现歌德的一封信："他走了，凯斯奈；当你读到这几行时他已走了。请你把附在信里的条子交给绿蒂。昨天我原来是很定心的，但你们的谈话使我心碎。此刻我什么也不能和你说。要是我和你们多留一刻，我便支持不住。现在我一个人了，明天我要走了。喔！我可怜的脑袋啊！"

"绿蒂，我极盼望再来，但上帝知道是什么时候。绿蒂，当你讲话的时光，我明知是和你最后一次的相见，我心中多么激动……他走了……什么精灵使你想到那样的话题？……现在我独自一人的时候，我可以哭了。我让你们快乐，但我没有离开你们的心坎。我将和你们再见，但决不是明天，告诉我的孩子们：他走了……我写不下去了。"

下午，凯斯奈把信送给绿蒂。屋里的孩子，悲哀地再三说着："歌德博士走了。"

绿蒂很悲伤，一面读着信一面流下泪来。"他还是走了的好。"她说。

凯斯奈和她,除了讲起他之外,什么话也不能说。

歌德的不告而别,使来客都觉惊异,责备他没有礼貌。凯斯奈却极力为他辩护。

六、可怜的耶罗撒拉

两位朋友感动之余,反复读着他的信,对他又是怜悯又是担忧,想他在悲凉孤独之中不知要变成什么样子,这时候,歌德却快快活活地走下瑯河流域。他要到高勃莱兹去,因为他约好梅克在特拉·洛希夫人家相会。

远远里是一带苍茫的山脉,在他头上是岩石堆成的白峰,在他脚下,在阴暗的山峡,里面是柳荫夹岸的河流,合凑起来是一幅凄凉得可爱的风景。

往事的回忆还很新鲜,但能够舍弃惠兹拉的幻感也有一种得意之感,可把胸中的愁闷冲淡许多。他自忖道:"这件故事能不能用来作一首挽歌?……或者作一首牧歌?"有时,他自问他的天赋是否偏于描画风景。"好吧,我将把我美丽的小刀丢入河里,要是我见它落水,我便做一个画家;要是我的视线给柳荫掩住了,我便永远放弃绘画。"

他没有看见刀子下沉,但瞥见水花四溅,占卜的结果似乎模棱两可。他决意缓日再定主意。

他一直走到安斯,随后坐船下莱茵河,到了特拉·洛希夫人家。他受着亲热的款待。特拉·洛希参议是一个体面人物,极崇拜服尔德[1]，是一个怀疑派和玩世派的人，他的夫人自然是富于情感的了。她出版了一部小说，招待文人，把她的家变成了智识阶级的集会所，她这种举动是不为丈夫赞成的，或竟是反对的。

歌德感到兴趣的，尤其是玛克西米丽安·特拉·洛希的黑眼睛，她才十六岁，是一个美丽的、聪慧的、早熟的姑娘。他陪她到乡间远足，和她谈着上帝与魔鬼、自然与心灵、卢梭与高斯密斯，总而言之，他尽量地炫耀自己，好似世界上就从未有过绿蒂这个人。而且想起绿蒂只使他对于新交更加兴奋。他在日记中写道："旧情的回声尚未在空中消失，已经听到新爱的音响在心头嘹亮，这真是非常愉快的感觉。正如我们看了落日西沉的景色，更爱回看新月东升一样。"

但不久，他应当回到佛朗克府去了。

一个人于失意之后回到家里，总觉得有颓丧与安息两重情操。鸟雀试想高飞而高飞不起；躲在窝里时却又苦想着它无法翱翔的海阔天空。青年人避过了苛刻的恶意的世界；回到老家，因为一切习惯都是家庭造成之故，他自然遇不到多大的冲突；他重新尝到那么单调的况味，与家庭的亲切殷勤的束缚。

凡是出过门的人，因为有了比较的意识，故回来看见家人依旧闹着陈旧无聊的纠纷，格外觉得惊异。歌德从小听厌了的老话又听到了。妹妹高奈丽怨着父亲，母亲又怨着高奈丽，脾气不大好弄的歌德参议又想立刻把儿子拉回到研究律师案卷的路上去。

---

[1] 现译伏尔泰。

至于这儿子自己,脑袋里装满了创造到一半的人物,却想不到现实世界。

歌德素来痛恨的忧郁,竟占住了他的心。他以为唯一的出路是立刻着手一部巨大的文学著作。难解决的只是选择问题。他老想写一部浮士德,或者帕罗曼德,或者凯撒。但起草了好几个计划,写了好几行诗句重又涂抹了撕掉了之后,他懂得一些好东西也写不成;在他和工作之间总有一个形象阻梗着,那便是绿蒂。

他的口唇保存着她唯一的亲吻的滋味;他的手保存着那双坚劲柔软的手的触觉;他的耳朵保存着那种庄重轻快的音调。此刻他远离了她,他觉得她的一切都是属于他的。只要他坐在书桌前面,他的思念便会神游于痛苦虚妄的梦想之中。他像别人一样,想把过去的情景重新构造起来。假使绿蒂还未订婚……假使凯斯奈没有那么可敬那么善良……假使他自己也不是那么老实……假使他有勇气不走……或假使他有勇气毁灭自己,把磨难他的形象和他的思想同时毁灭……

他在床头挂着一张绿蒂的侧影,是一个外方的艺术家用黑纸剪成的像,他如醉如狂、诚心诚意地望着她。每晚睡觉之前,他拥抱她和她说:"绿蒂,你允许我拔下你的一支别针么?"夜色将临时,他往往坐在肖像前面,和他丧失了的女友喃喃不已地长谈。这些行动,最初是自然而然、不知不觉地流露的,几天之后,却变成了空洞凄楚的礼拜,但他觉得这样可以抚慰一下心中的愁闷。这张平庸的,甚至可笑的剪影,对他简直变成了神座一

般的东西。

他几乎每天有信给凯斯奈,并且要他在夏绿蒂面前多多致意。提到恋爱问题时,他惯用在惠兹拉时一半说笑一半凄怆的语调,那时唯有这样才可诉说他心中的激情而不致伤了凯斯奈的心。他在信中写道:

"我们曾经谈到云雾以上的事情。我是什么也不知道,我所知道的是,必须老天爷是一个硬心肠的人才能把绿蒂留给你。"

又有一次他写道:"绿蒂没有梦见我,我很不高兴,我要她今晚就梦到我而绝对不和你说。"

有时,他被恼怒与骄傲的心思冲动了,说:"在我不能和绿蒂说已有别一个女子爱我了,很爱我了之前,我将不再写信。"

作了几次尝试以后,他不得不承认在没有把胸中的郁结宣泄以前,他实在无法开始那筹思已久的文学工作。写一部以绿蒂为主题的书吧,把她作为书中的女主角吧,这是他此刻觉得唯一能做的工作。

他的材料很丰富,有日记,有回忆,激动的情感也还十分鲜明,但他仍旧遇到巨大的困难。题材是贫弱得可怜:一个青年到一个地方,爱上一个已经有主的女子,在困难的情况之下退缩了。这可成为一部书么?为什么他要走呢?凡是女读者一定要埋怨他。要是他真的动了爱情,他便该留着啊。事实上,歌德的出走是因为他艺术的召唤与创造的意志战胜了他的爱情。但除了一般艺术家外,谁又懂得这种举动?他愈想愈觉得题材的平凡浅薄,愈觉没有传出自己的故事的能力,同时对于一切文学工作也愈觉得憎厌。

到了十一月中旬，凯斯奈告诉他一件惊人的新闻。年轻的耶罗撒拉，常常穿着蓝色礼服、黄色背心，在月下散步、被人笑为"相思病者"的那个忧郁的美少年，竟用手枪自杀了。

"可怜的耶罗撒拉！"歌德在复信中写道……"这个突如其来的消息使我惊骇万分……有些人觉得万事都不如意，因为他们中着虚荣与崇拜偶像的毒，这次的不幸——我们大家的不幸，都应让这种人负责。唉，那些家伙真是给魔鬼迷住了！可怜的青年……当我散步回来在月下遇见他时，我说'他害着相思病'，绿蒂当还记得我曾因此大笑……我和他谈话不多。在动身的时候我把他的一册书带走了，我将把它和他的往事永远保存起来。"

别人的变故常常能令歌德发生真诚的情感，因为这些变故极像他自己的生涯中可能发生而没有发生的片段。他对于耶罗撒拉事件的好奇心，简直到了病态的程度。他明白感得，假使他的性格稍微不同，假使他的智慧中间缺少了什么成分，他也很可能做出这等绝望的举动。他得知这件噩耗时的第一个念头是"我书中的关键找到了"，所以他更加注意这件事情。是啊，他的故事中的主角可以而且应该自杀。死，唯有死，才能使他的情节有伟大悲壮的局面。

他要求凯斯奈把他对于这件事情所能知道的尽量告诉他，凯斯奈也就非常卖力地替他写了一篇记事。

七、酝酿

　　有了歌德自己在惠兹拉时代的日记和耶罗撒拉自戕的叙述，一部美妙的小说的开端与结局，可说都已齐备。两件故事是真的，只需用自然的笔法移录下来便可动人。读者可以感到最真诚、最热烈的情绪。想象的作用，可以如歌德素来希望的那样减到最低限度。他颇自信。他也爱这个题材。可是他还不能工作，依旧追逐着自己的幻想。

　　他写作的时候，素来需要一刹那的灵感，好似在闪电似的光明中突然看到了作品的整体而无暇窥见它的细节。可是这一次，这种闪电似的启示竟没有获得。他和绿蒂的爱情么？耶罗撒拉的自杀么？是的，毫无疑问。但两桩事迹是运命的两种不同的排布，难把它们衔接在一块。照日记中几个人物的性格看来，简直没有插入那种结局的可能。凯斯奈那么温良，毫无嫉妒心，绿蒂那么朴实，那么愉快，歌德又老是那么幸福，只有好奇的心思：这样的人品怎么会叫主角自杀呢？他努力想象耶罗撒拉与海特夫人间的争执，耶罗撒拉临死之前的默想，只是毫无结果。各人的性格得改变过，事变的程序也当重新支配过。但故事前后贯穿得非常密切，你只要触及一部便会牵动全体。似乎真理只有一个，稍微改动一下，不论你改动得如何谨慎巧妙，就会觉得这也可能那也可能，心旌摇摇无从决定了。

　　歌德心里的宁静重复丧失了。无数的计划与方案占满了他疲乏已极的头脑。有时他自以为窥见几种模糊美妙的形式，但一下子就隐灭了。有如孕妇受着大腹的拖累一样,任是如何地翻来覆去,不得安息。

他动身往惠兹拉去探听那桩惨案的始末。耶罗撒拉自杀的屋子,手枪,椅子,床铺,他都看到了。他在夏绿蒂那边耽搁了几小时。未婚夫妇的幸福看来十分圆满。他们过着那么安静那么正规的生活,似乎连从前促膝夜谈的情景也从没想起。歌德觉得很苦恼很孤独。他的爱情重又燃烧起来。坐在端东慈善会里的长靠椅上,眼望着静穆娇艳的绿蒂,寻思道:"耶罗撒拉是对的,我,或许也可以……"但歌德仍是歌德,平平静静地回到了佛朗克府。

他觉得家里的情形从没有这样暗淡。凯斯奈结婚的日子渐渐近了。晚上,在冷清清的卧室里,在他"荒凉"的床上,歌德想象夏绿蒂在新房里,穿着蓝条子的衬衣,梳着晚装的发髻,又娇艳又贞洁。欲念与妒火恼得他不能入睡。一个人必须定睛望着前面的一点光明才能生活,因为这光明是他前进的目标。他眼看自己的前程,是注定在这小城里当一名小小的律师或官吏,他的幻想还要遭受那些庸俗的中产者轻视。他的思想,明明富有创造力的思想,也只能用来造什么报告书或撰述无聊的辩诉状。"我在此地的生活,将无异于巨人受困于侏儒……"他这种自大的思想实在也并非无理。他想自己被活埋了。少年时代的伴侣一个一个和他分离了。他的妹妹高奈丽快出嫁了。她的丈夫梅克往柏林去了。不久,夏绿蒂与凯斯奈也要离开惠兹拉了。"而我呢,我将孤零零地独自留下。要是我不娶一个女人或不上吊,真可说得我是极爱惜生命的了。"他在给凯斯奈的信中这样说着。过后他又写道:"我在沙漠中流浪,一滴水也没有。"

他慢慢地想起自杀的原因,以为一定是一个人过着单调郁闷的生活,极需要用一件非常的举动来使自己惊奇一下,竟可说是要令自己开心快意一下。他想:"生命的爱惜,往往要看一个人对于日夜的来复,寒暑的递嬗,以及由此递嬗得来的快乐是否感有兴趣而定。一朝兴尽之后,人生便只是痛苦的重负罢了。有一个英国人因为不耐烦每天穿衣脱衣而上吊了。我也听见一个园丁烦闷地喊道:'我还得老看着那些黑云自西往东地飞么?'这种厌恶人生的象征,在爱思想的人心中,尤其来得频数。这是一般人所想不到的。……至于我自己,要是我冷静地想一想,人生还能给我些什么呢?再来一个被我丢掉的弗莱特丽克么?再来一个把我忘掉的绿蒂么?佛朗克府的律师生涯么?……要是能够放弃这些美丽的东西,当然是很天然的勇敢的。

"然而把自杀的方式仔细想一想的时候,便觉得自杀是一件多么违反本性的行为,所以不得不借用机械来达到目的。阿耶克斯(Ajax)[①]所以能把剑插入自己的躯体,还是他身体的重量帮了他最后一次的忙。至若火器,也要反手运用才能打死自己……真正的自杀恐怕只有奥东皇帝(Othon)[②]的一刀直刺心窝。"

好几晚他上床的时候把一柄小刀放在身旁。熄火之前,他试

---

① 希腊神话中的战士,以战败而自戕。
② 公元1世纪时罗马皇帝,以皇位被夺自杀。

把刀子往胸膛上刺。但他不能使自己受到最微轻的伤。肉体不肯服从他的思想。"也罢!"他想道,"这表明我究竟还愿活着。"

于是他诚心诚意地把自己盘问了一番,把一切现成的名词和在真正的思想之上飘忽不定的下意识的幻象一扫而空,他探求他不顾一切地还想活着,究竟是为了什么缘故。他发觉第一是尘世的色相还能给予他快乐,因为好奇之故,他还在那里不断地更新这色相;其次是他对于再来一次的恋爱抱着辛甜交迸的信念;最后是一种暧昧而强烈的本能,使他窥伺着胸中神秘的创造物,他觉得它正在慢慢地酝酿成熟。他写信给惠兹拉的朋友们说道:"放心吧,我差不多和你们两个相亲相爱的人同样幸福。我心中抱着如爱人们一样多的希望。"

夏绿蒂的婚期近了,他要求让他去替他们购买婚戒。他觉得在刺激旧日的痛创时,有一种说不出的快感。因为决意要描写这场烦恼,故他索性把烦恼激成绝望。歌德,做了歌德自己的模特儿,摆出他最好的姿势。

婚期的早上,凯斯奈给他写了一封热烈的信。依着歌德的要求,新妇的花球寄给了他;他星期日出去散步时,就把它插在帽上。他决定在耶稣死难日的前天摘下绿蒂的侧像,在花园里掘一个坟墓把它庄严地埋葬了。到了那天,他觉得这种仪式有些可笑,也就放弃了。现在,这张黑白相间的剪影可以看到他睡得很安稳了。凯斯奈夫妇动身往哈诺佛去。他们在这新世界中的生活,歌德一点也不知道,也就不能想象了。在歌德的心中,无论痛苦或爱情，都要有鲜明的形象方能久存。要固定他脆弱的情绪也有一个最适当的时间，他有没有放过这时间呢？

八、维特的诞生

他和玛克米丽安·特拉·洛希一向有密切的书信往还，她乌黑的眼珠，在他离开惠兹拉之后，曾经大大地安慰过他。一天，他得悉她嫁了佛朗克府的一个杂货批发商，姓勃朗太诺，名叫彼得·安东，比她大十五岁，前妻留下五个孩子。歌德在信中告诉凯斯奈道："妙啊，妙啊！亲爱的玛克·特拉·洛希嫁给一个富商了！"大概是那个怀疑派的特拉·洛希先生认为多财多子远胜一颗青春的心吧。

玛克快要离开世界上最美的一角，离开她母亲周围的那个高雅的集团，去住到佛朗克府一所沉闷的屋里，和那些暴发的商人们来往。歌德为她打抱不平；但看到这么一个可爱的人儿和他住得近了，又十分高兴起来。

她一到佛朗克府，他就去看她，使出全身本领去讨好鳏夫的五个孩子，一刻钟内，便叫他们永远少不了他。当歌德要博取欢心的时候，真是没有人抵抗得了。即使勃朗太诺自己，觉得有一个市长的孙子在他家里走动也是件荣幸的事，何况他那般伶俐，更加把他款待得好好的了。

歌德的热情回复了，仍如往日一样激昂兴奋地投身在狂热的友谊里。从今以后，他生活的目的，只在替玛克做伴，只在看她受不住"乳饼的臭味与丈夫的举动"时加以安慰,只在同她一块散步一块读书。一切工作重又放下。干吗还要写作呢?什么东西比得上美丽的脸上的微笑?比得上她那表示满意和感激的温柔的表情?

在油瓶鱼桶之间,玛克很苦恼。她不喜欢佛朗克府这城市。她极力想爱她的丈夫,可是实在太难了。歌德变了她的知己。她不像夏绿蒂·蒲夫那样专务实际,既不叫他洗净菜蔬也不要他采摘果子,只和他一同读着新出版的法国小说,或者配起四弦琴与钢琴和他合奏。

他们也常常同去溜冰。歌德借了他母亲的红丝绒外衣,披在肩上当作大氅。他溜冰溜得很好,趁着风势,很灵活自由地一路滑去。在他母亲和美貌的勃朗太诺夫人看来,他简直像一个年轻的天神。

"一切都好,"他写道,"最近的三星期全在娱乐中消磨过去了,要比我们现在更快乐更幸福也不可能了。我说我们,因为从一月十五日以来,我无论哪方面的生活都有伴侣,而我常常诅咒的命运,这回也可当得起温良贤慧的称赞了。从我妹妹出嫁以后,命运给我的赏赐还是第一遭呢。玛克依旧如天仙一般,朴实可爱的品性谁见了都要动心,我对她的感情造成了我生活的乐趣。"

要是勃朗太诺不妒忌的话,歌德真可说是幸福了。最初,他觉得有这青年常常陪着他的妻出去散散步倒很方便;他整天忙着生意上的事情,又没有人代替得了。好几次他把歌德作为他和妻子中间的仲裁人；他以为一切男性在某些问题上的意见必定是一致的。不幸歌德是一个艺术家，所以是男性的叛徒。一个丈夫对于和他见解相同的情夫是极有好感的，喜剧诗人就留意到这等情景，但一个减削夫权的情夫，确是可恶透顶的了。

勃朗太诺注意到他的妻在佛朗克府住不惯，动辄指责他旧家庭的生活习惯，老是谈论什么音乐、书籍和其他的危险问题，他终究很有理由地相信，定有一个搬弄是非的人在教唆他的妻，暗示她破坏夫妇常规的种种念头，他认为这教唆犯便是年轻的歌德。

从他有了这些重要的发现以后，他对待歌德的态度变得极端冷淡，甚至有些侮慢的神气，使歌德在他家里所处的地位非常为难。要是狠狠地回敬他一下，那是叫自己永远不能再去了；要是忍气吞声地默受，那么这种侮辱可以一天一天地增加。不久，玛克觉得家庭的争吵把她的乐趣全破坏了，也请求歌德谨慎些少来几次。"我求你顾全我的安宁，"她和他说，"这种情形是不能长久下去的，不，不能长久下去的。"

他大踏步在室中来回踱着，再三地咬着牙齿说："不，不能长久下去的。"玛克看他那种激烈的样子，想叫他平一平气："镇静些吧，我求你！像你这副头脑，像你这种学识，像你这样才华，还怕得不到幸福？堂堂的男子汉，应得振作起来。为何要恋恋于我呢，歌德，为何定要我这身不由主的人呢？"

他答应绝足不去了，回到家里满肚皮地不快，自言自语地大声说话，兴奋到难以形容。社会狭隘的规律，老是叫他在幸福的路上碰钉子。他唯有一刻不离地陪着一个多情的女子才觉得安宁快活，才忘得掉自己。但要获得这种幸福，不是牺牲自己的自由，就得把所爱的人拖上"犯罪和不幸"的路。他至此才明白，社会的规律和个人的欲望的冲突是受不了的……夏绿蒂么？夏绿蒂可还爱着凯斯奈。但玛克是不能爱这个油货商的，她简直没有这种心肠。可是他总得让步。"你的智识与天才会给你幸福。"真是幻想。智识是灰色的，生命的树是绿色的。何况人类的缺点那么多，智识也大大地受着限制。最伟大的学者又知道些什么呢？他们一些也不晓得什么是万物的本体。人是什么？在他最需要力量的关头他便缺少力量。快乐也好，悲哀也好，当他正想把自己融化于无穷之中的时候，他就受着束缚，老是感到渺小可怜。

不知怎样地一变，他又突然静了下来，自主力回复了，跳出了烦闷的思想，好像全不相干。"是啊，他对自己说，耶罗撒拉一定有过这种思想……他的事情也一定发生在像我与玛克之间的那种情景之后……"

于是他忽然看得非常清楚，他最近不幸的遭遇如何，可和耶罗撒拉的自杀配合在一块。当然，他的故事没有那样悲惨，简直说不上"悲惨"二字。他也知道那是很简单的，但至少可以帮助他对于一向没有经验过的情感得到多少门径，晓得是怎样的一种情调。

于是玛克和她的丈夫，夏绿蒂和凯斯奈，歌德和耶罗撒拉，好似混合了，融解了，隐灭了，他们的原子却在广阔的精神领域里飞扬驰骋，迅速地配成种种簇新的场面。这一切都很美，很可爱，歌德也非常幸福。

于是维特、夏绿蒂、亚尔培三个人物一齐产生了。维特便是歌德，要是他不是一个艺术家的话。亚尔培是凯斯奈，只是更狭隘了些，加上了勃朗太诺的嫉妒和歌德自己的理智。夏绿蒂是绿蒂，但是一个受了特拉·洛希夫人的教育而会读卢梭与克洛帕斯多克（Klopstock 1724—1803）[①]的著作的。

从下一天起，他便关起门来工作，四星期中，他的书写成了。

九、朋友的懊恼

歌德把《少年维特之烦恼》写完之后，觉得多自由多快乐，好似胸中的郁积全盘忏悔过了一样。幻想啊，疑惑啊，欲望啊，全都有了永久的适当的归宿。大教堂造好了。最后的工作思想已经离开了工场，建筑师在静悄悄的空场上暗中期待第一批的信徒来到。他过去的生活已不在他的心内而在他的面前了；它多美啊！他从外面用一种胜利之后的疲倦的神态望着它时，又模模糊糊地想起他应当开始的新生活了。

新书要等到莱布齐赶节的时候才发卖，但作者至少要寄一本给夏绿蒂，他等不得这么久。他常常想象她读着这册小说时的情态。或许她晚间躺在床上时开始读，高耸的乳房微微掀起着薄薄的衣襟；或许她坐在安乐椅里，凯斯奈坐在对面，稍稍有些妒

---

① 德国大诗人。

意，偷觑她读的时候有何感应。她将第一次明白往年歌德的爱情。结局以前的热情的几幕，事实上从未有过但他现在可用魔术般的艺术力量强要她接受的狂吻，她读到这几段时一定会脸红吧……还有那亲爱的玛克·勃朗太诺？她一定也要长久地沉思幻想吧。

等到他从印刷所里拿到了最初的几册书时，立刻寄了两本给夏绿蒂和凯斯奈，并且附了一封信："绿蒂，这册书于我多么珍贵，你读的时候便可感到；这一册于我尤其可贵，好像世界上只有这一部。它是献给你的，绿蒂；我把它亲吻了千百次，我把它藏着不使别人触到它。噢！绿蒂！……我愿你们两人各读各的，你一个人读，凯斯奈也一个人读，过后你们再各写几行给我。"

"绿蒂，别了绿蒂。"

凯斯奈和他的妻都微微地笑了。依他的话，两人各自拿了一小册，恨不得一口气读完。

夏绿蒂有些不安，她识得歌德热烈的性格，识得他不肯抑制热情，不肯容纳有益的社会规律。在实际生活中，因为怕受拘束怕限制自己，老是把火山的熔液壅塞了。但一个解放了的歌德将是什么样子呢？

从最初几页起，她便懂得叫她丈夫读起来时定然很难堪。那次的舞会，回忆起来原很简单，在书中不知怎样竟有狂热与肉感的性质了。"臂抱中拥着一个迷人的尤物！如狂风骤雨般旋舞！周围的一切都飞过了，消失了！……于是我发誓，我所爱的女人永远只能陪我跳舞,即使我死了也甘心。你当懂得我。"

夏绿蒂不觉出神了。老实想来,她从第一天认识歌德起,便懂得他是用这等心情爱她的。这个观念一直潜入她意识的深处,把它小心谨藏着,她久已忘掉心坎中还有这种乱人意志的念头。但她的回忆并没有消失,因为她读到这一段时还感到不安的甜蜜的印象。

"喔!当我们的手指偶然相触,我们的足尖在桌下相遇的时候,便好似烈火在我血管中奔腾一般!我赶紧像避免火焰似的缩回来,但一种隐秘的力又在吸引我了;我神志昏迷了;我心旌摇摇不能自主了。啊!她纯洁无邪的灵魂,怎知道最轻微的亲热的举动已使我够痛苦了啊!她一面说话一面把手放在我的手上……"读到这里,夏绿蒂丢下书思索了长久。她那时真是完全无邪的么?在歌德描写的情形中,她不是几乎每次猜中他的痛苦么?她不曾因此而暗暗欢喜么?现在她读着这段记载时不是还感到一种特殊的幸福么?她埋怨自己不该卖弄风情。她望着坐在对面的丈夫,很快地一页一页翻过去,满是阴沉烦恼的神气。

一会儿他抬起头来问她想什么。他似乎又愤怨又难过,狠狠地说道:"这种行为真不应该……歌德所描写的人物,起先倒还像我们,后来不知怎样却把他们变成传奇式的、虚假的人物了……这个老捧着维特的手痛哭流涕、善于感伤的绿蒂,究竟是谁呢?……你也曾眼望着天说过'喔,克洛帕斯多克!'么?尤其是对一个初次见面的青年说过这种话么?……我简直连想象也无从想象……啊！我现在才明白，歌德从来不懂得你真正可爱的地方。唯有我，夏绿蒂，唯有我……你的可爱，在于你完满的、恰如其分的天真素朴，你的快乐、自然、谨默，你的令人敬畏的态度……可是他，连他自己的面目都弄糟了！真正歌德的行为比维特的好得多。我们四个月的来往，自有一种高尚宽宏的交情，他竟不会表白出来……至于我，被他描写得毫无感觉，'从不会读着一本心爱的书而动情'。难道真是这般冷酷么？啊！我敢说假使我失掉了你的爱，我才会成为维特呢。"

这时候，夫妇俩走拢来，你怜我爱地温存了一回，这种结果大概不是作者真正希望的吧。两个人偎依着，手握着手一块读完了小说。读完的时候，至少凯斯奈是非常恼怒了。把他们那么纯洁天真的故事改易为一场悲惨的事变，他觉得实在可怕。是啊，这个歌德加上耶罗撒拉的两重人格的人，实在是一个鬼怪。无疑地，凯斯奈明知维特和他爱人最后一次会见的情形，完全采用他替歌德叙述耶罗撒拉自杀的那封信。但看到其中的女主角叫作绿蒂，开首几段完全是照绿蒂的模型写成的时候，他禁不住十分难过，仿佛一个粗俗的画家把他妻子的脸容与身体画成一幅淫亵的图画一样。

夏绿蒂呢，倒是感动的成分多，不快的成分少，但她很同情丈夫的感想，为安慰他起见，她便赞成他的意思。而且她也觉得他的恐惧很有理由。他们周围的人会说些什么呢？惠兹拉与哈诺佛两地的朋友，都会在书中识得他们。关于他们的叙述，有些是真实的，有些是完全虚构的，怎样去解释明白呢？即使有什么恶意的议论也难怪人家，但怎样才能避免啊？

可是，健忘与懒管闲事的机能，几乎人人都有；当事人那么重视的事变，不到六个月大家便忘得干干净净；要是凯斯奈夫妇头脑冷静一些的话，这是不难预料到的。但痛苦与明智是难得会合的，歌德冒失的举动，似乎把他们幽密的幸福永远破坏了。

十、尾声

次日，凯斯奈写了一封严词责备的信："不错，你在每个人物身上搀入多少不相干的性格，你把好几个人物融成一个。这都很好。但如果你在组织与融化的工作中听从你良心的劝告，那么你用作模型的真实人物也不至于受到这样的污辱。你想对着自然描写，使你的图画逼真，但你搜集那么多的矛盾搅在一块，以致失去了你的目标……真正的绿蒂要是像了你的绿蒂，真要苦恼死了……绿蒂的丈夫也是如此，你还称他为你的朋友，真是天晓得！

"你的亚尔培是多可怜的一个家伙！……就是你要他平凡庸俗，也何必定把他写成那样愚蠢，才可使你得意扬扬地揪住了他说：'瞧！我多么英雄！'"

好几天以来歌德焦灼地等着凯斯奈和绿蒂的批评。他希望有两封热烈的长信，把他们欢喜的或感动的段落分别举出来，或者加引书中的原文，或者把他忘记了或疏忽了的细节提醒他。他高高兴兴地怀着好奇心拆开了封皮，读到这篇尖刻的批论却怔住了。"怎么？"他想道，"难道一个聪明人竟不懂得什么叫作小说么？干吗他要维特定是歌德？殊不知正要叫维特自杀才好创造歌德。不消说我心中确有多少维特的成分，但我是一下子靠了决心而得救的。歌德减掉了意志，便成维特。减掉了想象，便有亚尔培。为何他说我的亚尔培是一个可怜的家伙呢？我为什么要把亚尔培写得平凡庸俗？亚尔培与维特是相反的，亦是相得益彰的，我的题材的妙处也就在这一点上。并且，凯斯奈从哪方面认出他是亚尔培呢？他以为我在自己身上找不出一个有理性的人么！……"

他愈是思索，愈是反复读着来信，他愈加不明白，愈加怪异了。他想起使朋友着恼总有些难过。他把抚慰他们的方法寻思好久。怎么办呢？不要印行他的小说么？他没有这种勇气：

"我的亲爱的生气的朋友们，我必得立刻写信给你们表明我的心迹。事情已经做了，书已经印好，要是能够的话，就请你们宽恕吧。在事实没有证明你们的恐惧是多么夸张以前，在你们没有在书中认明想象与实际的混淆原无恶意以前，我什么也不愿辩白……现在亲爱的人，当你们觉得心头火起的时候，喔！请你们只想着你们的老朋友歌德，永远是，从今以后更加是忠实于你们的朋友。"

小说发行以后，果如凯斯奈夫妇所料，接到许多要求解释和表示同情的信。绿蒂的弟弟——亨斯·蒲夫，把家庭里的感想告诉他们。至少在那边，大家都识得歌德，《少年维特之烦恼》使他们大大地哄笑了一阵。"喂，"亨斯写道，"你们读过'维特'

没有？你们觉得怎样？这里的情形真是好玩呢。全城只有两部书，人人都想看，大家只能用尽心思去偷。昨天晚上，爸爸、迦洛丽、李尔、威廉和我，只有一本书，把封面撕去了，一页一页地在五个人手里传递……可怜的维特……我们读的时候大笑了一场。不知他在写的时候自己有没有笑出来。"

凯斯奈对于那般安慰他的朋友们，不得不指天发誓地声明，说他们夫妇非常和睦，他的妻永远爱着他，歌德从没想过要自杀，小说终究是小说。末了，依着夏绿蒂的请求，他们写信给歌德表示他们的谅解。

但他们是不得不谅解啊。青年作家陶醉了。整个德意志都哭着维特的命运。青年们仿着维特的服装，穿起蓝色礼服、黄色背心、褐色筒的皮靴。年轻的姑娘们竞相仿效夏绿蒂的衣衫，尤其是与维特初次见面时所穿的打着粉红结的白衣。在所有的花园里，善感的人们筑起古式的纪念物追悼维特。蔓藤的花草绕满了维特式的瓦缶。吟咏维特的诗歌也风行一时。连那些常常瞧人不起的法国人，也对于这位卢梭的信徒表示狂热的欢迎了。自认《新哀络绮思》（*Nouvelle Hélös*）[①] 一书之后，没有一部文学作品能把欧洲感动到这个地步。

歌德的回信毫无悔过的口气："喔！你们这些没有信心的人！要是你们能够感到维特在千万颗心灵中引起的感应的千万分之一，你们便不会计较你们为它的牺牲了……就是取消了维

[①] 卢梭名著，为18世纪哀感动人之著名小说，现译《新爱洛漪丝》。

特可以救我性命，我也不愿。凯斯奈，相信我，相信我吧，你的忧虑与恐惧自会像夜间的幽灵般隐灭。如果你是宽大的，如果你不麻烦我，我可以把关于维特的信札，热泪和叹息统寄给你。如果你有信心的话，尽可相信一切都会顺利，无聊的议论全无关系……绿蒂，别了；凯斯奈，爱我吧，不要再使我厌烦。"

从这一天起，他和凯斯奈夫妇的通信变得非常稀少了。

从此，他的文辞把他们固定了，浸透了香味，他觉得他们已不完全是实在的人物了。有好些时候，他每年一次写信给他们，开首总是"我亲爱的孩子们"，以下是承问他们儿女绕膝的家庭里的景况，随后是善良的凯斯奈死了。

一八一六年，凯斯奈秘书的寡妇五十九岁，很丑，但天真淳朴的态度还很可爱。她到惠玛去晋谒歌德大臣。她希望这个大人物能够提拔提拔她的几个儿子，尤其是丹沃陶，想研究自然科学的丹沃陶。

她见到一个礼貌周全的老人，已经很憔悴。她努力在他的形象中探寻惠兹拉时代如醉如狂的青年的面貌，令人不得不爱的面貌，只是徒然。谈话非常困难。歌德不知说什么好，拿出些木版画与干枯的草木标本给她看。每个人都在对方的目光中看出惊讶的失神的情态。末了，总长大人提议把他戏院里的包厢让给这位老太太去看戏，说他有事不能奉陪，非常抱歉。出门时，她想道："要是我偶然遇到他而不知道他的姓名时，他简直不会使我注意。"

实在是歌德博士早已死去长久；最爱跳舞与月下散步的绿蒂·蒲夫小姐也已死了。这件故事的一切人物之中，只有可怜的维特还活着。

因巴尔扎克先生之过

人生模仿艺术远过于艺术模仿人生

——王尔德

一个黄昏在抽着烟卷中消磨过去,大家以毫无好感毫无根据的态度,批评着人们与作品。到了半夜,谈话突然兴奋起来,宛似那些看来已经熄灭的烟火,忽然照耀得满室通明,把睡熟的人惊醒一般。

讲起一个外表颇为轻佻的女友,曾在前夜进入嘉曼丽德派修道院(Carmélite)使我们惊异的那件事,大家便谈到人性的变化无常,即使一个聪明的观察者,也难预测日常相处的人的最简单的行为。

——既然人人都有种种可能的矛盾,我说,试问旁人怎么还能预料什么事情。一件偶然的事故,自会引起某种舆情,你被人批评，被列入某类，社会的枷锁把你以后的生涯固定在英雄的或是可耻的流品中。但这种行为无异在木偶身上挂一个标签，而标签是很少和实在的分类相符的。如圣贤一般的人，脑中亦有卑鄙的思想。他们驱除它，因为他们的生活方式中容纳不下这种思念；但同是那样的意象，同是那样的人物，假使易地而处，他们的反应势必全然异样。反之，高尚的念头亦会在十恶不赦的坏蛋心中如影子一般映现。所以讲到人格问题完全是武断的。为言语行动的方便起见，可以说"甲是放浪的人；乙是安分的人"。但在一个较为切实的分析者看来，人性是动荡不定的。

说到这里，玛蒂斯抗议道："是的，你所谓人格，实际只是包括许多回忆、感觉、倾向的一片混沌，这片混沌自身当然没有组织力可言。但你忘记了一点，即外界的因子可以把它组织起来的啊。譬如一种主义便可把这些散漫的成分引向一个确定的目标，好比磁石吸引铁屑那样。一般热烈的爱情，某种宗教信仰，某种强固的偏见，都可使人在精神上获得无形的力量以达到均衡的境界，这个境界即是幸福。凡是心灵所依据凭借的力，永远是从外界得来的，因此……总之，你可重读《模仿》这部书，其中描写寻求'力'的一段说：'当你把我遗弃一旁时，我看到我只有弱点，只是一片虚无；但在寻求你而以纯洁的爱情爱你时，我便重新找到了你，亦发现我自己和你仍在一起。'"

这时候勒诺把手中的书突然阖上了立起身来，做出每次开口以前的姿势，坐在画室中的大火炉前面。

信仰？他燃着烟斗说……正是，信仰与热情都可整饬精神，澄清思想……是啊，一定的……但像我这样从无信仰已无恋爱的人，倒是靠了幻想之力才达到均衡状态……幻想，是的……我在精神上描画了一个在理想中使我满意的人物，然后努力去学做这个人物。于是小说啊戏剧啊，全来助我造成这副面具，唯有靠了它我方能得救（这里所谓得救当然没有宗教意义）。当我好像玛蒂斯所说的那样，迷失于错杂混乱的欲望中，找不到我自己的时候，当我自己觉得平庸可厌（这是我常有的）的时候，我拿起几种心爱的书，寻觅我过去的情愫的调子。书本中的人物不啻是我的模型，我对着它们沉思默想的当儿，竟重新发现我往日为自己刻画的理想的肖像，认出我自己选择的面具。于是我得救了……托尔斯泰的安特莱亲王，史当达的法勃里斯，《诗与真》中的歌德，都能澄清我精神上的混沌。且我亦不信这种情景是少有的……卢梭当时岂不曾把数百万法国人的感觉加以转变甚至创造了么？……邓南遮之于现代意大利人……王尔德之于本世纪初期的英国人，不又都是这样么？……还有夏多勃里昂？……还有罗斯金？……巴莱斯？……

——对不起，我们中间的一位打断了他的话头，请问那种时代感觉是他们创造的呢，或只由他们记录下来的？

——记录？决不是，亲爱的朋友。伟大的作家所描写的人物，是他的时代所期望的而非他的时代所产生的。古代"叙事诗"中豪侠多情的骑士，是在粗犷野蛮的人群中幻想出来的，后来这些作品却把读者的气质转变了。拜金国家亦会产生洛杉矶电影中轻视名利的英雄。艺术写出一时代的模范人物，人类依样画

葫芦地去实现他。但在实现的时候，艺术品与模范人物都已无用。当法国人尽变作真正的曼弗雷特与勒南[1]时大家就厌恶浪漫主义了。普罗斯德（Proust）[2]想造成欢喜心理分析的一代，不知这一代便将憎恨分析派小说而爱好赤裸裸的美丽的叙述。

——嘿！真是霍夫曼（Hoffmann）与比朗台罗（Pirandello）式小说的好材料，拉蒙说，小说家所创造的人物起来诅咒小说家……

——对啦，亲爱的拉蒙，你说的是，且在小枝节亦然如此。连你幻想人物的举动也有一天会变成血肉的真人的举动。你当还记得奚特（Gide，现译纪德）[3]有一句话："多少维特式的人物不知道自己是维特，只等读到了歌德的'维特'才举枪自杀！"我就认识一个人，他整个的生涯都因巴尔扎克书中某个人物的简单的举动而完全转变了。

——你知道么，拉蒙说，在佛尼市，有一群法国人忽发奇想取着巴尔扎克小说中主角的名字而模仿他们的性格。于是在弗洛丽沃咖啡店中，尽是什么拉斯蒂虐克（Rastignac）、葛李奥（Goriot）、南端（Nathan）之流的小说中人了，这样的把戏直玩了好几个月，有几个女子竟以能把她们的角色扮演到底为荣耀……

——这一定是怪有趣的事情，勒诺说，但这还不过是游戏罢

---

[1] 前者为拜伦诗剧中的主角，后者为夏多勃里昂小说中的主角。
[2] 19-20世纪的法国名小说家，现译普鲁斯特。
[3] 现代法国作家。

了,至于我所说的那个人,却因想起了小说中的情节而转换了一生的方向,是的,他唯一的一生都为之改变了。这是一个我高师时代的同学,姓勒加第安……一个最出色的、前程远大的人。

——在哪一点上出色?

——哦!各方面都是……强毅奇特的性格,精明透彻的头脑……学问的渊博几乎令人不能置信……他什么书都看过,从教会古籍到《尼勃仑根史诗》,从皮藏斯古史到马克思学说,而且他永远能在字里行间寻出多少普遍性与人间性的成分。当他讲一段历史的时候,真是有声有色,令人叹服。我特别记得他叙述罗马加蒂利邦反对参议院的史料……这是一个大史家大小说家的辞令……像他那样爱读小说的人亦是少见的。史当达和巴尔扎克[①]是他的两位上帝,他们作品中许多精彩的篇章都记得烂熟,所有他对于人世的认识,似乎都从这两位作家那里得来的。

他在体格上也与他们有些相像:很结实,很丑,但是表现聪明与善良的那种丑。原来大小说家的外貌几乎常是魁梧奇伟的。我说"几乎常是",因为除此之外,还有别的较为不显著的缺陷,如缺少特征,染有恶习,贫穷困苦等都足引起他们化身为小说中人的需要,这是创造者必不可少的条件。托尔斯泰年轻时丑陋不堪,巴尔扎克肥胖臃肿,杜思退益夫斯基粗野犷悍,而年轻的勒加第安的面貌亦一直令我想起史当达离开故乡的脸相。

[①] 按史当达与巴尔扎克均为法国19世纪大小说家。前者以心理分析见长,后者以深刻的写实手腕著称。

美好的人生

我们猜想他很清贫；我好几次到过他的姊夫家里，是一个在贝尔维尔地方的机器匠，吃饭也在厨房里的，他却在全校的人前夸耀他的姊夫。真是史当达小说中于里安·索兰式（Julien Sorel）[①]的情操，一切都可看出他颇受此种性格的影响。当他讲起于里安在黑暗的花园中抓握莱娜夫人的手时，神气就像在讲他自己的故事。为环境所限，他只能在杜佛饭店的女侍与穿窿咖啡店的女模特儿身上作大胆的尝试；但我们知道他心中颇希望将来或能征服若干高傲的、热情的、贞洁的妇人，而且他正在不耐烦地等待这个时间的来到。他和我说：

——用一部伟大的作品来轰动社会固是可能的，但是多少迟缓！且不认识十全十美的女子又怎么写得出好书？女人，真正的女人，唯有在上流社会才能找到，这是我们可以确信的。女人是一种复杂的脆弱的生物，要有闲暇、财富、奢华，要有多愁多闷的环境方能使她生长发达。其余的女子么？可以使人动念，可能是美丽的，但对我有何好处？肉的爱么？玛克·奥莱尔（Marc Aurèle）[②]所谓的"两个肚子一起摩擦"么？泰纳（Taine）[③]所谓的"把爱情减到最低级的作用"么？单调平凡地爱护你一生么？我觉得这些全不对劲。我需要胜利的骄傲、小说般的情节……也许我错了……可是不。一个人认定他自己的天性，怎么会错？朋友，我是热情的，幻想的，我也有意要如此。我要被人爱才觉幸

---

① 史氏小说《红与黑》中的主角，现译于连·索雷尔。
② 公元初罗马皇帝，以中庸明哲著称于世，现译马可·奥勒留。
③ 法国19世纪实证主义哲学家、史学家，与勒南齐名。

福，而因为生得丑，必须有权势才能获得爱。我一切人生的计划都是凭了这些臆想而定的，你无论怎么说都可以，为我，唯有这样才合理。

那时候我因为身体衰弱之故，格外安分守己，勒加第安的"人生计划"在我看来是全然错误的。

——我为你可惜，我回答他说，我为你可惜，我不懂得你。你自寻烦恼，（你也已经烦恼了）且很可能败在不值得的敌人手里。至于我，假若我有了内心的实在的成功，则别人表面的成功与我又有什么相干？……勒加第安，到底你求些什么？幸福？你真相信权势或女人能予人幸福么？你称为实在的人生，我却称为不实在的人生。你尽有机会把整个生命奉献于精神事业，享到最微妙的幸福，怎么还会期求那些不完全的，当然亦是虚妄欺人的事物？

他耸耸肩，说道："是啊，他说，我知道这些名言说论。我也读过禁欲派的哲学论。我和你再说一遍吧，我和他们，和你，是不同的。是的，我可以在书本、艺术品、工作中间找到暂时的幸福。然而在三十或四十岁上我将后悔虚度了一生，未免太晚了。故我另有一种支配思想阶段的方法。先是摆脱野心的诱惑，但要摆脱野心的诱惑，唯有满足这野心。等到摆脱之后，（只在摆脱之后）便可安分守己地消磨余生；因为已经尝过了浮华的味道，故此后的安分守己更为切实可靠……这是我的见解。一个美满出众的情妇，可使我免去十年的失败，少费十年无谓的心思。"

有一件事情，当时我不大明白，现在想来正是他性格的鲜明的暗示，一家酒店里有一个爱尔兰侍女，又丑又脏，而他竟毫不犹豫地和她睡觉了。尤其可笑的是她仅会说极少的法语，而全能的勒加第安唯一的缺点是完全不懂英文。

——亏你有这种念头！我常常和他说，你连她的说话都不懂！

——你真毫无心理学家的气息，他答道，难道你不知正是为此才有趣味么？

的确，你们应当懂得这种奥妙。因为在普通的情妇身上找不到又是爱娇又是羞怯的风情，故一个外国女子说着他所不懂的言语，便显得无限神秘，藏有无穷幻象了。

他有许多小册子，记载他亲切的琐事、计划、作业纲要等。这些计划真是包罗万象，从世界史到伦理学，什么都有。一天晚上这种小册他忘记了一本在桌子上，我们俏皮地翻开来看，发现许多很好玩的思想。我还记得其中有一条完全是他的口吻："失败足证欲望的不够强烈，而非欲望的过于大胆。"

又有一页上写着：

缪塞，二十岁时已是一个大诗人。　　　　没有办法。

奥希与拿破仑，二十四岁时已是一个大将军。　没有办法。

刚贝太，二十五岁时已是名律师。　　　　或许可能。

史当达，四十八岁才印行他的《红与黑》。　瞧，这倒还有希望。

这本野心日记当时对于我们显得很可笑，虽然勒加第安确是一个天才而非狂士。如果有人问我们:"你们中间有人一旦会从行伍中出来,走向光荣之路么?"我们定会回答:"有的,勒加第安。"但还得要有运气。在一切可能成为大人物的生涯中,他的功名事业往往是从一件细小的事故上发动的。假使没有王台米尔的民变,拿破仑将成为什么样子?没有苏格兰批评家的攻击,拜伦又将成为什么样子?很可能是十分平凡的人。而且拜伦还是跛足,这对于艺术家是一种力量;拿破仑则是羞怯怯地怕见女人。至于我们的勒加第安,他丑陋贫穷,他有天才,但他能不能有拿破仑般的机会呢?

在高师第三年学期开始时,校长召唤我们中间的几个到他办公室里去。当时的校长是班罗,那个著美术史的班罗,一位好好先生,有些像刚洗过澡的野猪,又有些像一只眼的怪兽,因为他是独眼,又臃肿得可怕。当人家为着前程问题去请教他时,他总答道:"喔,将来……从这里出去,想法谋一个好位置,薪水多,工作少,愈少愈好。"

这一天,我们齐集在他周围,他向我们作下列一段简短的谈话:"你们知道德莱利伐这名字?那个部长?是的?好……德莱利伐先生刚才派他的秘书来见我……他为他的孩子寻找一位家庭教师,问你们中间有没有人愿意每星期去三次,教授历史、文学、拉丁三门功课。时间可由你们选定,使你们不致和自己的功课冲突。自然我可以给你们相当的便利。据我看来,这倒是获得一个高级保护人的好机会,或者你们还可在校课以外的时间弄一个闲差使混混。但这是应当考虑的事情,你们去思索一番,大家

商量定当以后，今晚再来报一个名字给我。"

我们都知道德莱利伐，他是于勒·法利、夏拉曼拉哥[1]们的朋友，当代政治家中最有学问、最有性灵的一个。年轻的时候，他在街头站在一张桌子上面背诵西舍龙（Cicéron）[2]的名著，轰动过拉丁区。巴黎大学的希腊文学教授哈士老伯伯说他从未有过比他更好的学生。上了政台，他依旧保持着往日的豪情。他在众院讲坛上会随口说出大诗人的名字，当人家质问他的言语过于粗俗的时候（这正是进攻越南、反对派很凶横的时代），他便展开一本丹沃李德或柏拉图的著作，完全不听他们了。此次他不替孩子们聘请一个普通教师倒来找着我们年轻人的举动，已经十足表现出他的气派而使我们欢喜了。

我那时很乐意每星期到他家里担任几小时功课，但勒加第安是我们中间的"头儿脑儿"，享有优先权，他的答复是不难预测的。他在此找到了他素来热望的机会，他容容易易地一脚踏进要人之门，有一天或能当他的秘书，他亦定会把他吹嘘提拔到神秘的世界上去，我们的这位同学一向是自诩要统治这世界的。他要求这个差使，他获得了。翌日便去接事。

每晚我和勒加第安惯在公共卧室的平台上作长谈。因此，从第一星期起，我就知道了德莱利伐家里无数的小事情。勒加第安只在第一天上见过一次部长，而且还等到夜晚九点钟，因为众议

---

① 皆系法国19世纪末期大政治家。
② 伟大的拉丁诗人，，现译西塞罗。

院散会很迟。

——那么，我问他道，大人物说些什么呢？

——那么，勒加第安答道，我先是失望了……一般人心中要大人物不成为一个人；只要看到两只眼睛，一个鼻子，一张嘴巴，听到说出日常的语句，就仿佛一座海市蜃楼在眼前消灭了一般。但他和善可亲，人亦聪明。他和我谈起高师，问我们这一代的文学趣味，随后他领我去见他的夫人，她，据他说，对于孩子们的教育比他更为关心。她也把我接待得很好。她似乎有些怕他；他和她说话时有些讥讽的语气。

——好预兆，勒加第安。她美丽么？

——很美。

——但恐不十分年轻吧，既然儿子们已……

——三十岁左右……或者三十多一些。

下星期日，此刻做了议员的一个我们以前的老师请我们吃饭。他是刚贝太、蒲德伊哀、德莱利伐等的朋友，勒加第安趁这机会探听了一番。

——你知道么，先生，德莱利伐夫人未出嫁前是何等样的人？

——德莱利伐夫人？据我记忆所及，她是于勒洛阿地方某实业家的女儿……老老实实的中产人家。

——她是聪明的吧？勒加第安用着浮泛不定的口气说，仿佛是询问又仿佛是肯定，实际也许是希望人家证实他的推测。

——可不。勒福伯伯微微惊讶地答道，为何你希望她聪明呢？人家还似乎说她蠢哩。我的同僚于勒·勒曼脱倒很熟悉她的家庭，他……

勒加第安倚在桌子上静听着，突然打断了他的话头问道：

——她规矩么？

——谁？德莱利伐夫人？这个，我的朋友……人家说她有外遇；我是什么也不知道。说来似乎有些相像。德莱利伐不大理睬她。他，有人说他和玛赛小姐住在一起，她还在美术学校读书时，他就把她安插入法兰西喜剧院当演员……我知道他在玛赛小姐那里会客，差不多每晚都在。于是……

这位加恩地方的议员摆一摆手，摇一摇头，谈到下届总选问题上去了。

从这次谈话的下日起，勒加第安对德莱利伐夫人的态度变得更自由更放肆了。当她在上课时间进来，勒加第安与她交换的日常琐屑的谈话里面，隐藏着几分大胆的试探。他向她瞩视的目光也愈来愈没顾忌了。她常常穿着袒露得很多的衣衫，令人从薄薄的纱罗内面隐约窥见她丰满的乳房。肩头和手臂生得精壮结实，显出快要达到成熟期的丰腴肥胖。脸上没有皱痕，或至少因为勒加第安太年轻了，看不出细微的褶裥。她坐下时露出一双非常细腻的足踝，蝉翼般的丝袜好似肉制的。这样，她的美貌与倩丽的丰韵，在勒加第安眼中简直如安琪儿一般，但并非怎样的威严，既然大家说她易于勾引。

我和你们说过，勒加第安的辞令是婉转动人的。好几次德莱利伐夫人进去时，他正和听得出神的孩子讲着凯撒时代的罗马，克莱沃巴脱拉（Cléopatra）的宫廷，或大教堂的建造人等的历史，那时他竟敢涎着脸尽管讲下去不招呼她。她呢，做着手势教他不要中断，提着脚尖端一张安乐椅轻轻坐下。勒加第安口里讲着，眼睛偷觑着，心里想着："是啊是啊，你想多少名演说家不及这年轻的高师生有趣。"或者他是误会了，因为她低头望着鞋尖或钻石的光芒时，说不定是在想起她的鞋匠或什么新的钻饰。

可是她时常来。勒加第安对于她的露面有着精密的计算，这自然是她意想不到的。如果她一连来了三天，他就想道："她急透了。"他把自以为含有弦外之音的说话一句一句地细细咀嚼，更追想德莱利伐夫人的反应。在这一句上她曾微笑，这个很玄妙的字眼却并未使她动心；对于那一句微嫌放肆的隐喻，她曾以惊讶的高傲的目光睨视他一下。如果她整个星期没有来，他便说："一切都完了，她讨厌我。"于是他用种种手段在孩子那边打听而不使他们觉得惊异，结果往往是极简单的事由把他们的母亲羁留着不得分身，她旅行去了，或是病了，或是主持某个妇女团体的集会去了。

——你瞧，勒加第安和我说，当我们强烈的情绪无法在别人心中激起同样的热情时，真想要……而尤其可怕的是对于别人的心绪一无所知。但一个人的热情正由别人这种猜不透的神秘性煽动起来的。假令我们能够猜透女人们所转的念头，不论是好是坏，就不致怎样苦恼了。我们或者欢喜，或者丧气而断念了。但这种镇静沉着的态度，也许内中藏有多少好奇的成分，也许什么也没有……

有一天她请问他几部书名,一场简短的谈话开始了。课后一刻钟的会谈从此成了惯例,而讲书的语调很快转变成谈天说笑的口气,严肃之中带着轻佻的气氛:这种方式的谈话往往是恋爱的前奏曲。你们可曾注意到,男女谈话中诙谐的语调只是用来遮掩强烈的欲望?可说一面觉得冲动一面又怕危险,故两人表面上装作若无其事的样子以维持内心的安宁。于是一切言辞都含隐喻,一切句子都是试探,一切恭维都是爱抚。谈话与情操在两个交错的面上溜来滑去,字句所表现的上层,只能当作下层的象征与暗示而领会;这下层满是模糊的兽欲的意象。

这个意气蓬勃的青年,想用他的天才来主宰法兰西的青年,在她面前竟肯委屈着谈些新近上演的戏、小说、时装、天气等。他曾和我讲起黑纱领围,与打着路易十五式结纽的白帽子(那时正流行着马蹄袖和高顶女帽)。

——勒福伯伯说得不错。他和我说,她不很聪明。更准确地说,她只在自己表面上着想。但这一切于我又有什么相干!

在谈话的时候,他望着她的手和腰想道:"这种礼貌周全的语气,规行矩步的姿态,怎能一变而为谈情说爱时的狎习呢?我以前结识的女人,最初的举动只是永不推拒的戏谑,甚至是故意激成的玩笑,以后的事情自然而然会循序渐进。但在目前的情境中,连轻轻地抚摩一下也不敢希冀……像小说中的于里安么?但于里安是在花园里啊,而且晚间的昏黑、良夜的风光、共同的生活,都是助成他的因缘……我却连单独见她都不可能……"

两个孩子老是在场,而勒加第安虽然常常偷觑她的目光,也看不出有丝毫鼓励他的神气或心照不宣的暗号。她望着他时的那种安闲静穆的样子，使人绝对不敢存什么胆大妄为的心思。

他每次从德莱利伐家里出来，在塞纳河边的大道上一面走一面想道：

——我真是懦弱……她有过情夫……她至少比我长十二岁，不至于十分挑剔吧……固然她的丈夫是一个杰出的人才……但女人们看得到这些么？……而且这也无关紧要。他不关切她，她似乎十二分地烦闷着。

他忿忿地反复不已地说："我真是懦弱……我真是懦弱。"

若使他对于德莱利伐夫人实在的心境认识得更清楚些，他亦不会这样地埋怨自己了。这是许久以后，有一个当时曾为德莱利伐夫人心腹之交的女人告诉我的。有时隔了一二十年的时光，"偶然"会使你以前极感兴趣的事情获得证实。

德莱利伐夫人名字叫作丹兰士，是经过恋爱而结婚的。她确如传说所云，是一个实业家的女儿。她的父亲颇服膺服尔德的学说，富有共和思想，是今日已经少有而在帝政时代极普遍的一种人物。德莱利伐在某次竞选运动中曾经受到她家族的招待，少女丹兰士对他竟是一见倾心。婚姻的建议亦是她先发动的。她的家庭因为德莱利伐素有爱玩女人爱赌博的名声而表示反对。父亲说："这是一个好色的登徒子，会欺骗你，使你破产。"她答道："我将把他改变过来。"

那时节认识她的人，都说她的美貌、天真与忠诚，使谁见了也要动情。嫁了一个虽然年轻但已成名的议员，她假想着献身高尚事业的美妙的夫妇生活。她觉得自己被丈夫的谈吐感应了，模拟他，赞扬他；在艰难的时光做丈夫的忠实的扶掖者，得意的时光做一个隐晦的可贵的伴侣。总之，少女的热情，完全升华为表面上的政治的热情了。

这桩婚姻果然不出一般人的意料。德莱利伐在对她感有肉欲的时期内是爱她的，就是说大约有三个月的光景，随后便全然不关心她的生活了。一副爱好嘲弄的实利主义的头脑，全无热情冲动的男子，对于那般累赘的爱情非但不受蛊惑，反倒觉得可厌。

冥想之士爱好天真，力行之士厌恶天真。他拒绝她的柔情蜜意，拒绝的态度最初很婉转，继而还有礼，最后竟是直接爽快的了。妊娠和因此而引起的禁忌成为他逃避家庭的借口。他回到气味相投的女友那里。当妻子有所怨艾时，他回答说她尽可自由。

她可决不离婚，第一因为孩子，第二因为不愿放弃德莱利伐夫人这光荣的姓氏，也许尤其因为不愿向母家示弱承认失败，于是她只得独个子领着孩子旅行，忍受朋友的怜悯，人家问起她丈夫是否出门时，她只能报以微笑。终于经过了六年的半遗弃生活，什么都觉意兴阑珊了。她当初幻想的美满纯洁的爱情，把她少女时代的生活装点得何等花团锦簇，此刻亦完全幻灭了。虽然如此，她还模模糊糊地感到需要温情的灌溉，她结识了一个情夫，是德莱利伐的同僚兼政友，一个势利的蠢货，几个月之后亦把她丢了。

这两件不幸的经历，使她对于一切男子都怀猜忌。人家在她面前，一提到婚姻问题她便叹气苦笑。她当年原是天真活泼、才思敏捷的女郎，此刻却变得沉默寡言、憔悴不堪。医生说她有了慢性的、不治的神经衰弱症。她永远期待着祸患或死的来临。她丧失了乐天的观念，少女时代的爱娇与魅力亦随之俱泯了。她自以为不能被爱，也没有被爱的资格。

复活节假到了，孩子们的功课暂告中辍，勒加第安在这时间得以深长地考虑了一番，终竟毅然决然地打定了主意。开学后一天，上完课后，他要求德莱利伐夫人作一次个别的谈话。她以为他对于学生或有什么不满之处，领他到小客厅里。他很镇静地跟随着她，好似前赴决斗的神气。一等她把门关了，他便说他不能再守缄默，他只为在她身旁所过的几分钟而活着，她的面貌永远在他面前浮现着，总之他说了一大篇最做作最文学的诉白；说完之后，他想走近去握她的手。

她又烦恼又为难地望着他，口里不住地说："荒唐荒唐……快住口吧！"末了又说："真是笑话……住口，请你走。"言语之间带着哀求同时又极坚决的意味，他觉得失败了，羞惭无地。他往后退，一边出门一边喃喃地说："我去要求班罗先生找人代我。"

在甬道中他停了一会，有些迷糊的样子，一时间竟找不到他的帽子，仆人听见了声音，出来送他走。

这时候，被情人逐出门与仆人站在背后的情景，突然使勒加第安回想起他不久读过的一篇小说，巴尔扎克的很短很美的一篇，题目叫作《弃妇》。

你们都记得这篇《弃妇》么？……啊！你们不是巴尔扎克的

信徒……那么我必得重述一遍,才会使你们明白下文,在那篇小说中,一个青年假托了什么缘由闯入一个女人家中,毫无准备地向她宣述最粗俗的爱情。

她以高傲的轻蔑的目光望了他一眼,按铃叫男仆:"雅各——或约翰——,张灯送客。"至此为止,颇像勒加第安的故事。

但在巴尔扎克的书中,那个青年在穿过甬道时想道:"如果我这样地走了,我在这女人心中将永远是一个蠢货;也许她此刻正在后悔不该那样突兀地把我打发走的;应该由我去了解她才是。"于是他和仆人说:"我忘记了些东西。"重新上楼,看见那个妇人还在客厅里,便成了她的情夫。

勒加第安在颠颠预预寻他的硬袖头时想道:"是啊,这正和我的情形一样……完全一样……不但从此我在她眼里将是一个蠢货,她还要把这桩笑话告诉她的丈夫。多么讨厌!……如果我回头再去看她,倒说不定……"

他和仆人说:"我忘记了手套。"三脚两步穿过甬道,重新打开客厅的门。

德莱利伐夫人坐在壁炉旁一张小椅子上凝思;见他进来吃了一惊,但目光显然是温和多了。

——怎么?她说……仍旧是你?我以为……

——我和仆人说我忘记了手套。我求你再谛听我五分钟。

她并不抗拒,而且在他出去的几分钟内,她思索的结果似乎确已后悔她的道学举动。天赐的机会不易受人重视,错失的因缘最是惹人眷念，这是人之常情。她逐客的举动原亦出诸真情，但一听到他的声音远去时便有再见他的欲望了。

丹兰士·德莱利伐三十九岁。悲欢离合的人生，柔情妒意的风趣，幽会密约的况味，她可以重新尝一遭，也许亦是最后一遭了。她的情夫是一个刚刚成年的男人，或者还有天才；她慈母一般的爱护之情，虽然遭受丈夫的峻拒，或可在这个一心相许的男子身上尽量宣泄。

她爱他么？我全不知道，但我相信那时以前，她除了认他为孩子们的出色的教员之外——而这是由于恭敬，倒并非有什么轻视的意思——从没对他转过别的念头。他说了长长一大篇的话，她差不多全没听见，之后他走近她身旁，她居然伸出手来，眼睛望着别处，表示无限娇羞的神气。这种动作，正与勒加第安理想中的情妇的动作相合，他因之万分高兴，用着真挚的热情亲吻她的手。

这天晚上，他竭力忍着，不使我看出他的得意；情夫是应当守得住秘密的，这一点他已在小说中学会了。在晚餐与黄昏时，他支持得很好；我还记得大家热烈讨论法朗士的第一部著作，勒加第安称之为"有心做作的诗"，他把它作了一个巧妙的分析。到了十点钟，他拉我离开众人到一边去，把当天的情形讲给我听。

——我本不该告诉你这些事情，但若没有一个心腹的人可以告白，我将感到窒息一般的痛苦。我抱着孤注一掷的心肠镇静地下了注，居然赢了。所以，搅女人，真的，只要胆大便好。我对于恋爱的见解使你发笑，因为是从书本中得来之故，但在实际上竟是真确的。巴尔扎克真是一个了不起的人物。

以后他详详细细地叙述了一遍，末了他笑，抓住我的肩头发表他的结论道：

——人生是美妙的，勒诺。

——我觉得，我挣脱了肩头说，你的凯歌未免唱得太早。她的举动只是宽恕了你的冒昧罢了。事情的困难依旧不减。

——啊！勒加第安说，你没看见她对我瞩视的神气呢……她一下子变得娇媚可人。不，不，我的朋友，一个人决不会误会女子的情操。在很久的时期内我也觉得她很淡漠，当我和你说"她爱我"时，我自然肚里明白。

我用着半含讥讽半是难堪的神情听他讲话，别人的爱情往往会引起这等情绪。但他赢了全局的想头竟没有错；八天之后，德莱利伐夫人变了他的情妇。他以非常伶俐的手段进行各种步骤，每次的会晤，动作，言语，事先都有准备。他的成功可说是"科学化的恋爱战术"的成功。

一般的理论说，色情恋爱一有肉体关系便告破产；勒加第安的情形却正相反，对于他，肉体关系只是挑拨起色情恋爱的机钮。真的，他从成年时代起所想象的美满的爱情，几乎都在她身上获得了。

在他的享乐观念中，我总觉有些可怪的成分，因为我自己不能把这些成分会合在一处。他要觉得：

一、他的情妇在某几点上胜过他，而她是牺牲了什么东西——如地位、财产——来迁就他的；

二、他的情妇是贞洁的，在淫欲方面保留着多少廉耻之心，必得要他去设法战胜的。彻底说来，我想他是骄傲的成分多，肉欲的成分少。

而丹兰士·德莱利伐差不多正是他和我时常谈起的理想中的典型女人。她的住屋，她的衣衫，她和一个女友巧妙地安排接待他的华丽的寝室，她的仆役，他都满意。当她说出在很久的时间内对他觉得胆怯的话时，他愈加快乐，愈加依恋她了。

——你不觉得奇怪么？他和我说。一个人以为女人轻蔑他，至少是冷淡他，便以无数的理由来解释这种轻蔑。不料换了一个环境，发觉对方在同样的时期经历着同样的恐慌。你记得么？我和你说过："她三课不来了，她讨厌我。"那时她却想道（她亲自和我说的）："我时常去会使他讨厌，我将停止三课不去。"这样，别人的思想全部被我认识了，当初认为恶意的举动一旦涣然冰释地了解了，这是爱情赐予我的最大的愉快。自尊心平复了，满足了，更无丝毫烦恼。我想，勒诺，我会爱她。

我，自然很镇定的，并未忘记勒福伯伯的谈话。

——但她聪明么？我问。

——聪明，他兴奋地说，什么叫作聪明？你可看到数学班里的同学。如勒番佛尔之流，专门学者称之为神童，你我却名之为蠢材。假令我和丹兰士谈什么斯宾诺莎的哲学（我已试过了），显然会使她厌烦，而且她还十分耐心十分留神呢；但在其他的问题上，却是她使我敬佩，而是她胜过我了。对于十九世纪末期某个社会的现实生活,她比我,比你,比一代的思想家勒兰(Renan)都知道得更多。政治家啊,上流社会啊,妇女的影响啊,我可毫无倦容地听她讲几小时。

以后的几个月之内,德莱利伐夫人在这些问题上很殷勤地满足勒加第安的好奇心。"我很想见一见于勒法利……公斯当定是一个怪有趣的人吧……莫利斯·巴莱斯,你认识他么!"只要他这么说,她便会立刻筹划一个见面的机会。她素来憎厌德莱利伐广阔的交际,至此方才显出它的用处。她觉得利用丈夫的信誉以取悦年轻的情人是一件快意的事。

他晚上回来总要告诉我许多奇妙的故事,有时我禁不住问他:

——可是德莱利伐,怎么会不觉察他家庭里的变动?

勒加第安出神地想了一会,说道:

——是的,这颇有些奇怪。

——那么,她也有在家中接待你的时候么?

——很少,为了孩子,也为了仆役之故,但德莱利伐是从不会在三时至七时中间在家的……可怪的是她为我向他需索请柬,如参众两院的旁听券等,直有一二十次之多,他每次都答应,且还很有礼貌,甚至非常殷勤的样子,从不加以根究。当我在他家晚餐时,他待我特别优渥。他替我介绍时总说:"一位有天才的青年高师生……"我认为他已把我当朋友看待。

这种新生活的结果,是勒加第安不大再肯用功了。我们的校长,震于德莱利伐的声名,对于勒加第安的出入已绝对不加监督,但教授们都在埋怨他。以他平日的锋芒而论,决不会在硕士试验上落第,但名次已退后不少。我和他说起这一层,他竟嗤笑。浏览三四十个难懂的作家的著作,他认为无聊而且不值得。在这一点上,德莱利伐夫人对他发生了坏影响。她眼中看到钻营的例子太多了,以致劝服了勒加第安,使他相信求个正途出身未免太迂缓了。

——硕士试验,他说,既然我在这里,自当应试,但何等麻烦!……你,你喜欢研究那些大学里老古董们自欺欺人的策略么?我倒还感兴趣,因为所有的谋划之事我都喜欢。但我觉得既然纯粹是玩把戏,倒不如在别种舞台上扮演为妙,看戏的群众也可多些。在这样的世界上,工作与权势是成反比例的。现代社会把最幸福的生活赐给最无用的人。一个人只要会讲话,有机智,便可出入于贵显之门,拥着娇妻美妾,甚至还可获得民众的爱戴。你记得拉·勃吕依哀(La Bruyère)[①]的名言么:"优点使人常占先着;不啻替人缩短了三十年的时间。"在今日,所谓优点只是要人的撑腰,例如部长、党魁、有势力的官吏,比路易十四和拿破仑都强。

——那么,你将干政治?

——为什么?不,我并没什么确定的计划。我不过抱着待机而动的态度;任何机会都不轻易放过……政治之外,还有无数的事业可以参与政治的"妙处"而不参与政治的危险。政治家究竟

---

① 法国17世纪文学家,,现译拉·布吕耶尔。

要讨民众的欢喜，这是艰难而神秘的。我呢，若要取悦于政治家，倒是如儿戏一般容易的勾当，且亦是挺有趣的玩意儿。他们中间亦不乏博学风雅之士，即如德莱利伐吧，当他讲起希腊喜剧家亚里斯多芬（Aristophane）[①]时，比我们的老师不但高明几倍，且更含有一般学究们感觉不到的人生意味。他们那种淫逸的玩世不恭的概念，你真想象不出呢。

这样之后，我以前祝贺他获得一个外省教授的位置，每周四小时的功课之外尽可由他冥思默想等等，自然于他显得很平凡的了。

那时候，有一个同学因为他的父亲常在德莱利伐家出入之故，告诉我说勒加第安并未博得大家的欢心。他遮饰不了自以为和一切大人物平等的情绪。他所用的权谋策略是显而易见的。他谦抑卑恭的态度亦不大自然。人家在女主人旁时常看见这个大孩子，未免有些奇怪。他的做作，反而露出他的笨拙与矫饰；实在他过于自负了，忍不住在大人物面前的委屈。

这段私情还有一点不高妙的地方，勒加第安从此永远觉得经济拮据。在他的新生活方式上，服装具有很大的作用；而这位思想出众的青年，在这一点上竟会如儿童一般幼稚可笑。他和我讲某青年司长穿的交叉式白背心，一连讲了三晚。在路上，他驻足在鞋铺前面，把各种式样研究了很久；接着看见我一声不响露出不赞成的神气，他便说：

---

① 现译阿里斯托芬。

——喂，把你的钱倾囊给了我吧……我决不缺少答复你的理由。

高师的学生宿舍是一种用檐幕分隔起来的小房间，一行一行地排列着，中间是甬道。我的房间在勒加第安的右面；左边睡着安特莱·格兰，现任朗特省的国会议员。

考试前几星期的一个夜里，我被一种奇怪的声音惊醒，坐在床上听着，分明是呜咽声。我起来；在甬道中看见格兰已经站在勒加第安的卧室外面，耳朵贴在帷幕上屏息静听着。呜咽声即是从这里透出来的。

这天从早上起我就没有见过他，但我们都已习惯这种情形，再没有人会因他久出不归而觉得奇怪。

格兰以首示意向我征求同意之后，揭开帷幕进去了。勒加第安和衣倒在床上，泪流满颊。你们记得，我说过他的性格何等坚强，我们对他又是何等尊敬，那么，我们当时的诧异是可想而知了。

——怎么的？我问他，……勒加第安！回答我……你为什么啊？

——不要问我……我要走了。

——你走？这是什么玩意？

——这不是什么玩意，我不得不走。

——你疯了么？学校把你开除么？

——不……我答应走。

他摇摇头，重新倒在床上。

——你真好笑,勒加第安。格兰说。

勒加第安一下子跳起来。

——到底,我和他说,是怎么一回事?……格兰,你走开好不好?

只有我们两个人时,勒加第安已经镇静下来。他站起,走到镜子前面整了一整头发和领带,回来坐在我的旁边。

于是我看他更仔细了,脸色的变化使我大为惊异,眼睛竟可说是失了神。我直觉地感到这架美妙的机器损坏了什么主要机件。

——德莱利伐夫人?我问他。

我以为德莱利伐夫人死了。

——是的,他叹一口气答道……你不要急,我将全盘告诉你……是的,今天上完课,德莱利伐命仆人请我到他办公室去。他正在工作。"好吧,我的朋友。"他安安静静地说完之后,一句话也不多加,便授给我两封信(愚蠢的我,竟写了不独是感情的,且是无可辩白的信)。我不知嗫嚅着说些什么,大概总是颠颠倒倒的乱话。我丝毫不曾准备;我一向过着绝对安全的生活,这是你所知道的。他呢,他很安详;我却宛如待决的狱囚一般。

当我的话说完之后,他弹了一下手里的卷烟灰。(哦!勒诺……在这个休止时间,我虽然着急也还有击节叹赏的余暇。他真是一个大喜剧家。)他开始和我谈判"我们的"问题,他还用着一种公平的、轻描淡写的、洞达人情的态度。我不能向你描绘他的说辞,一切于我显得简单明白,深中事理。他和我说:"你爱我的女人；你写信给她。她也爱你，且我相信她对你的爱情是真挚的，深刻的。你一定知道我们以往的夫妇生活？你的爱情，她的爱情，都说不上是什么罪过。这倒更好，此刻我亦有我的理由想回复自由；我决不妨害你们的幸福……孩子们？你知道我只有儿子，我可把他们送入中学寄宿……放假的时候么？一切都会安排得好好的。小孩断不致受苦，也许正是相反呢。生活费么？丹兰士有一份薄薄的财产，你自己再挣钱度日……我只看到一桩阻碍，更准确地说是一个难题：我是一个场面上的人物，我的离婚将闹得满城风雨。为要尽量抑搽这件案子所引起的议论起见，我有求于你。我提议给你一条正当的体面的出路。我不愿我的女人在离婚诉讼期内留在巴黎，无意之中供给旁人笑话的资料。我请你离开此地，把她带走。我将通知你的校长，另外我设法把你发表为一个外省中学的教员……"——可是先生，"我和他说，"我还不是一个硕士呢。"——"那么，这并非是必需的。你可放心；我自信在教育部里还有相当的力量可以叫它发表一个六年级的教员。而且什么也不妨害你继续预备硕士试验，明年仍可应考。那时我可使你得到一个较好的位置。最要紧的是切勿以为我在预备什么策略来陷害你……正是相反。你目前的处境很困难，很痛苦；我知道，我的朋友，我为你扼腕，我很明白这个；在这件纠纷中，我把你的利益当作我自己的利益一般想过；如果你接受我的条件，我将助你渡过难关……如果你拒绝，我将被迫使用合法的武器。"

——合法的武器，我问他，这是什么意思？他将把你怎样

呢？

——喔！什么都可以？……例如控我和奸。

——愚蠢的举动！十六法郎的罚锾么？他岂不可笑？

——是的，但像他那样的人可以阻断我整个的前程。抵抗无异是发疯；让步倒是……嘿！谁知道？

——那么你已经接受了？

——八天之内我和她动身，往吕克梭侬中学去。

——她同意么？

——啊！勒加第安说，她真可佩服。我刚才从她那里回来。我和她说："你不怕小城市的生活么？庸俗，烦闷？"她答道："我和你同走；我只晓得这样做。"

于是我懂得为何勒加第安这么容易让步；和情妇一起度着自由生活的美梦，已使他陶醉了。

那时我和他一样很年轻，认为这个突如其来的变化是无可奈何的结果，毫无斟酌的余地。以后当我稍稍懂得了些世故人情之后细细追想起来，才明白德莱利伐很乖巧地利用一个初出茅庐的青年，以轻微的损失拔去了他的眼中钉。他久已要摆脱一个他已经厌弃的妇人。他早想娶玛赛小姐，这是我们以后才知道的。他也知道她有过第一个情夫，但他迟疑着不敢下手，因为他和这个情敌在政治上有联络之必要，一旦揭破了奸情，势必妨害到自己的前途。为了政权，他只有隐忍着窥伺相当的机会。这一次却是再好也没有的机会了：一个被他声威慑服的青年，他的女人可以久离巴黎，如果她肯一直跟随她的情夫（而这是很可能的，因为他年轻，她又爱他）；主角不在目前之后，舆论的鼓噪可以减到最低限度。他眼见是十拿九稳的局面，他竟不费一丝气力地赢得了。

半月以后，勒加第安在我们的生活中消匿了。他有时写信来；这年的硕士试验，他没有来参加，下年也不见他的影子。这段堕落史所引起的议论慢慢地平息了。一张婚礼通知单报告他和德莱利伐夫人结婚了。从某同学那里我得知他已经得了硕士学位，从一个部督学那里得知他被任为B城中学的教员……那是大家追求得很厉害而他靠了"政治力量"才获得的好位置，以后我离开了大学，忘记了勒加第安。

去年，偶然旅行到B城，我怀着好奇心进到中学去；中学校舍是古修道院的旧址，是法国风景最美的中学之一。我向门房询问勒加第安的近况。这门房是一个诚恳的、爱说大话的人。他，一定因为在学术空气里沉浸久了，老是翻着请假簿和留校学生名册之故，染着一副学究式的神气。

——勒加第安先生？他说。勒加第安先生属于本校教授团者已二十余年于兹，我们希望他在此一直等到他告老退休的年龄……如果你要见他，只要穿过大庭院，从左边的梯子走到小学生庭院，他一定在那里和女监舍谈话。

——怎么？中学没有放假？

——放假是放假的，但赛蒂默小姐答应在白天替本城里的家庭照顾几个孩子。校长先生很乐意地允准了，勒加第安先生便常来和她做伴。

——哦，但他是结过婚的，勒加第安，是不是？

——他结过婚的，先生。门房用着埋怨的悲苦的声调说，我们葬了勒加第安夫人才满一周年。

——实在不错，我心里想，她应该有七十岁左右了……这对夫妻的生活定是很古怪的。于是我又问道：

——她比丈夫年纪大得多，是么？

——先生，这是我在这中学里看到的最奇怪的事。这位勒加第安夫人一下子就变老了……当他们刚到此地时，她还是，我一点也不夸张，还是一个娇滴滴的少女……金黄的头发，美丽的蔷薇色的肌肤，穿扮很讲究……而且很骄傲。你或许知道她的出身吧？

——是，是，我知道。

——那么，自然啰，一个国务总理夫人，在这外省中学里如何过得了……最初，她使我们有些不安。先生，我们这里的交际着实不少呢……校长先生常常说："我要我的中学像一个家庭。"当他走进教室的时候，从不忘记说："勒加第安先生，你的夫人好？"但我和你说过，最初勒加第安夫人不愿结交任何人，她不出去拜客，人家去拜她，她亦不回拜。许多先生们都向她的丈夫扮着怪脸。这是很易了解的。幸而勒加第安先生很会周旋，和那些太太们混熟了。他懂得取悦他人。现在他在城里作何演讲时，全体贵族都到场，书吏，实业家，州长，一切的人物……而且什么都安排得很好。他的太太也变了样子，在最近一时期内，再没有比勒加第安夫人更可爱更妇孺皆知的人了。但她一下子变老了，老了……终于一场癌症送了她的命。

——真的么？我说……如果你允许，我想去找一找勒加第安先生。

我穿过大院子，这是一个十五世纪时的古庭院，可惜四周的窗子开得太多了些。从窗里可以望到破旧的桌椅。左方一座有穹窿天顶的梯子引向下面一个较小的院落，周围满是瘦削的树木。梯子的下端立着两个人：一个男子背向着我，一个是身材高大的妇人，一副瘦骨嶙露的脸相，一头油腻的乱发，方格的法兰绒坎肩被古式的腰带束得太紧了。这对人物似乎沉浸在热烈的谈话中。穹窿顶的甬道把谈话的回声直传到我耳边，使我清清楚楚回忆到高师宿舍平台上的说话声音，我只听见：

——是的，高尔乃伊（Corneille）也许更有力，但拉西纳（Racine）[①]更温柔，拉·勃吕伊哀说得好，一个是描绘人物的本来面目；一个是……

和一个这样的女子讲这样平凡的话，这些话又是出之于一个我少年时代的契友，一个对我思想上有过大影响的人，想到这里，我又是讶异又是难过。我在廊中急走了两步，想对那个说话的人看个仔细，希望不是他才好。他旋转头来，完全是一副意想不到的形象：花白的须，光秃的头，但这的确是勒加第安啊。他也立刻认得我，脸上露出烦恼的几乎是痛苦的表情，一霎时可又消灭了，换上笑容可掬的态度，但眉宇之间究竟掩不了勉强与为

[①] 以上两人皆为法国17世纪著名悲剧作家，拉西纳现译拉辛。

难的神色。

感动之余，我不愿在俗不可耐的女监舍前面提起往事，便马上邀请他午餐，和他约定于午时在一家饭店中相会。

B城中学前面，有一片满植栗树的场地。我在那里站立了好久，寻思道："人生的成功与失败到底是靠了什么？像勒加第安，生来便可成为大人物的，却对着一班班的中学生年年讲授老功课，假期中再去追求一个可笑的女人；而格兰，虽很聪明，究竟没有什么天才，他倒在实际生活中实现了勒加第安青年时的美梦。为什么？（我想要使勒加第安被任为巴黎的中学教员，还得去请格兰帮忙呢。）"

走向B城罗马式建筑的圣·德蒂安教堂时，我努力探求促成勒加第安颓废的原因："最初他一定不会如何改变的。还是同样的人，同样的头脑。以后怎么样呢？德莱利伐毫不放松地把他幽禁在外省，他实践了诺言，使他的教员位置很快地晋级，但不许他们到巴黎来……外省这地方，对于某几种人物是很适宜的……我自己觉得在外省很幸福。在罗昂，我以前有几个教员，只因住在外省之故，头脑极清明，趣味极纯正，不染丝毫时俗谬误的习气。但如勒加第安那样的人却需要巴黎。一朝放逐之后，他爱慕权势的心情会使他去追求平庸的成功。一个才智之士而居留B城，真是痛苦的磨难。成为当地的政客么？你既非本地出身，自然难有希望。总之这是一件冗长的工作；城里早就有一般享有既得权的人，又有贵族，士大夫阶级，等等。像他那种的气质，很快会灰心的。一个单身的男子还可隐遁，还可埋头工作，但勒加第安有一个女人和他一起。她呢，在最初幸福的几个月之后，亦会后悔她漂亮的社交生活……勒加第安慢慢地让步、消沉，那是可想而知的。不久，她老了……他却血气方刚，肉欲未衰……学校里有少年女郎，有文学班……德莱利伐夫人撚酸的事情是免不了的……所谓人生，只有无聊的恼人的争辩……随后由于疾病，由于想忘怀一切的愿望，由于什么都习惯了之故，由于野心的相对性，他居然在小小的成功中感到满足，凡是他二十岁时觉得可笑的事情，此刻觉得是幸福了（例如当市参议员，追求女监舍等）……可是我的勒加第安，那个天才卓绝的青年，决不致完全消失；在这颗头脑中，定还存留着多少痕迹，或许掩抑了一时，但究竟还可发掘出来……"

我参观了教堂，走到饭店，勒加第安已经在那里和饭店女主人谈天，一个臃肿矮小的妇人，梳着前刘海，他们的迂腐的谈话简直令我作呕。我赶快拉他到一张餐桌前面坐下。

一般心里怀着鬼胎恐怕提到难堪的隐喻的人，总是滔滔不绝地讲他自己的一套：这等情形你们大概也很熟悉吧。只要谈锋转到"禁忌的"题目上去时，立刻有一种不自然的激动表出他们的不安。他们所说的尽是空洞的废话，唯一的作用是避免意料之中的袭击。在我们用餐时，勒加第安一刻不停地运用他巧妙的辞令，无聊，平庸，甚至荒谬绝伦；他讲着B城，讲着中学，气候，市议会选举，女教员的阴谋诡计，等等。

——喂，老朋友，这里，在第十级预备班中有一个年轻的女教员……

为我,唯一使我感到兴趣的,将是知道这颗巨大的野心怎么会放弃,这个强毅的意志怎么会屈服,自他离开高师以后过的是何种感情生活。但我每次把话头带到那方面去时,他立刻说出一大阵不相干的糊涂话,把我们周围的空气都弄得昏沉暗晦了。当年德莱利伐发觉了他秘密的那夜,他那种令人出惊的失神的目光,此刻重复显现了。

午餐快要用毕,侍者端上乳饼时,我忍不住暴怒起来,眼睛盯住他,厉声说道:"勒加第安,你究竟闹的什么玩意?……你往年可是一个聪明透顶的人……为何你现在讲起话来好像一部乱七八糟的文集那样?……你为什么要怕我?怕你自己?"

他脸红耳赤。一道意志之光,也许是愤怒之光,迅速地在他眼中闪过,几秒钟内我重新发现了我的勒加第安,史当达小说中的主角,巴尔扎克书中气概非凡的英雄。但立刻一副官样文章的面孔掩上了那张于思满颊的脸,笑嘻嘻地说道:

——怎么?……聪明?……这是什么意思?……你老是这么古怪的。

接着他又和我谈论他们的校长。唉,巴尔扎克先生把他的人物收拾完了。

女优之像

……但我愿一死了却尘缘;因为爱情亦要死灭。

——英国诗人邓(Donne)

一

18世纪中叶,英国乡间常有些流浪的戏班子,在旅店庭院里或谷仓里的硬地上扮演莎士比亚的戏剧;他们大都过着悲惨低微的生活。那时清教徒还很多,他们在村口张榜晓谕:"本村严禁猴子、木偶、优伶入内。"他们大概如基督旧教的主教一样,指摘戏剧不该用迷人的形式来表现情欲。

然而这种告白毕竟是偶然之事,真正的尊严决不会因外界的情形而减损分毫。劳琪·悭勃尔先生虽是这些流浪剧团中的一个卑微的班主,却举止大方,端庄严肃,颇有大臣的气概。他的面貌尤其显得高贵。神采奕奕的眼睛上面生着一簇弯弯的眉毛，嘴巴小小的怪有样，鼻子更是生得美妙。一切都融和得很好……鼻子的线条挺直，又很简洁，一点也不破坏威严和谐的轮廓；至于微嫌太长太胖的鼻尖，却在脸上添加了多少强毅的与个性鲜明的表情。这鼻子是祖传的、微妙的，悭勃尔的朋友们都认为是一种可喜的象征。

悭勃尔夫人，和她的丈夫一样很美很有威仪。她的又有力又柔和的声音似乎生就配唱悲剧的；又经过一个名叫台米琪的教练，预定她可以扮演罗马时代的母亲与莎士比亚剧中的王后。某个晚上，她上演《亨利八世》①，那出戏是以伊利莎白女王的诞生为结局的，演完之后她分娩了一个女儿，全个戏班觉得仿佛亦诞生了一个公主。不论在城里或舞台上，悭勃尔夫妇素来有些王室的气概。

女儿莎拉秉受父母的美貌，他们用着严峻而贤明的态度教养她。母亲教她朗诵，把每个音母咬准，一部《圣经》背得烂熟。晚上，教她扮演几种小角色，如《狂风暴雨》（Tem-Pest）②的阿里哀（Ariel）③之类，又教她把剪烛钳子敲击烛台，随着剧情而模仿磨轮的巨响或暴雨的声音。清早，街上的行人可在旅店窗口里看到一个美丽的孩子的脸庞埋在一册大书里，那是弥尔顿

---

① 莎翁名剧之一。
② 莎翁名剧之一，现译《暴风雨》。
③ 现译爱丽儿。

（Milton 1608—1674）①的《失乐园》②。这伟大的清教徒所描写的阴沉的场面、抒情的景色，使这个虔敬的天性爱好崇高的孩子入了魔。她反复吟诵撒旦（Satan）③在火海旁边召唤地狱里妖兵鬼将的那一段，她对于那个被诅咒的美丽的天使感到一种温存的同情。

悭勃尔先生夫妇早就决意不令子女再当演员了。他们爱好体面，几乎爱好到心酸的地步，一般人轻视他们的职业使他们更加苦恼。悭勃尔先生是素奉旧教的，便把儿子送入法国杜哀修院，要他将来当一个神甫。至于莎拉，他希望她的美貌可以使她嫁得一个富翁而避免舞台生活。

果然，她刚满十六岁，肩头还未丰腴的时候，一个地主的儿子听她的歌唱之后便动了情向她求婚。悭勃尔先生对于这个正中下怀的提议，满心欢喜地承应了。因为父亲的鼓励，女儿也容忍那个男子的殷勤献媚。但戏班里专扮情人的一个男角西邓斯先生，却因此大感痛苦了。

这是一个没有什么天才的演员，但和一切角儿一切人物一样，自以为非同小可。他抱着这种于他技术上当然具有的自满心，眼看一个温良贤淑的美女在身旁长大，借着共同工作的掩蔽，在尊敬的态度中亦追求着莎拉·悭勃尔。

眼见要失之交臂了，他鼓着勇气去见班主，说出胸中的积

---

① 英国大诗人。
② 系弥氏名著。
③ 地狱中的魔王，新旧约中常有记述。

悚。悭勃尔先生尊严地回答说他的女儿永远不嫁一个戏子，且为万全起见，把大胆的求婚者辞退了。然而他是一个君子，把职业方面的惯例看得比个人的顾虑更重，他在被逐的爱人动身之前送了他一笔退职金。

这时节却发生了一件不快的事故。西邓斯演完戏后，要求上台与观众告别。他在袋里掏出一纸诗稿对众朗诵，叙述他爱情的不幸的结局。小城市里居民的感觉是爱受刺激的，大家报以热烈的彩声。回到后台，悭勃尔夫人用她美丽的有力的手打了他两巴掌；她痛恨一个动作错误咬音不准的青年。

至此为止，莎拉·悭勃尔对于这场以她自己为中心的冲突，表面上毫无偏袒，取着旁观的态度。她太年轻，不能有何坚决的欲求。但戏剧上传统的倾向已深深地印入她的心里，使她偏向不幸的情人。他受到的严厉的待遇感动了她，或者还把父母的行为引以为羞，她发誓非他不嫁了。父亲使她离开了若干时日的舞台生活，把她安插在一个邻人家庭里当伴读。随后，他想想她终竟是悭勃尔家里的人。她端正妍丽的姿容，有如天仙一样，还有那悭勃尔家特有的鼻子，那意志坚强的象征。他怕她私下结婚。

——我虽禁止你嫁给一个戏子，他和她说，你不要违拗我，因为你要嫁的那个男人，连魔鬼也不能使他成为一个演员的。

二

一年以后，西邓斯夫人的名字，在英国南部各郡已慢慢地有人知道。这样完满的姿色，在一个流浪戏班中是难得遇到的。举止的庄重，德行的浑厚，令人在赞叹之中带着敬意。接近过她的人都能描写出她勤劳的生活。上午，她洗濯衣服或是熨烫，预备丈夫的午饭，照料自己的孩子。下午，她演习新角色；晚上她登台，演完之后往往还要回去洗濯衣服。

她兼有中产者的德行与诗歌的天才，这一点很讨英国民众欢喜。依照那时小城市里的习惯，演员必得亲自到居民家里，挨户地邀请他们赏脸看他的戏。在这等情景中，西邓斯夫人老是受到热烈的款待。

——啊，一般老戏迷和她说，像你这样才具的女演员，不应该在外省流浪啊！

可爱的莎拉·西邓斯的确也在这样想；她觉得自己虽然年轻，可是对于艺术已确有把握。"一切角色都是容易的，"她自己说，"只要记性好就是。"然而当她在某个晚上第一次研究《玛克倍斯夫人》（Lady Macbeth）①时，她回到卧室里幻想出神，她惶乱了。在她心目中，这剧中人的性格竟是不可思议的恶毒。她觉得自己做不来坏事情。她爱她的丈夫，爱她的孩子，爱上帝，爱父母，爱伙伴，爱那些稻草屋盖修剪得齐齐整整的英国村庄。她也爱她的工作，爱她的职业，爱她的舞台生活。因此，她所扮的《玛克倍斯夫人》②亦变成牧歌式的了。

---

① 莎翁名剧，现译《麦克白夫人》。
② 玛克倍斯夫人的性格是残忍的，剧中表现她犯罪后因忏悔而致的极度的痛苦。西邓斯夫人是一个温良的、天真的少妇，故她不能了解剧中人的性格。详见后。——译者注

某个晚上，在一座小小的温泉疗养城里，有名的交际花鲍丽小姐发现了西邓斯戏班，觉得初出场的女伶很有魅力。她去访问她，指点她，赠送衣衫给她。临行，她和西邓斯先生说他的妻应得到伦敦去，她答应和茄列克（Garrick）[1]去商量。茄氏在当时是名演员兼剧院经理，在戏剧界里有他应得的权威。西邓斯听到一个优秀人物赞美他的妻子非常高兴，因为鲍丽小姐的身份阶级足以保证她的趣味定是不错的。他把那些赞美的话再三说给年轻的女演员听，她只继续做她的针线，心中满是惆怅。

——你瞧，她喃喃地说，大家都如此说，我应当到伦敦去。

——是啊，西邓斯沉思着答道，我们应当到伦敦去。

数星期中，她希望茄列克亲自来用车子接她，请她担任最好的角色。可是一些消息也没有。鲍丽小姐的诺言，显然如一般优秀人物的诺言一样，不过是随口说说的好话罢了。

——而且，她丧气地想道，即使鲍丽小姐和茄列克说了，对于他那样一个声势赫赫的人，多一个或少一个女演员又有什么关系？

少年人在过度的信任之后，往往会变得过度的怀疑，有时以为世界的动力和他自己的愿望走得一样快，有时以为它简直不动。实际是它的动作非常稳实，只是很迟缓很神秘而已。且动作的后果，往往在我们连动作如何发生的缘由都已忘了的时候才显

---

[1] 18世纪英国名演员。

现。鲍丽小姐确曾向茄列克说过，茄列克听了也很注意。他手下出众的女演员固然不少，但她们的要求是和她们的才能同时并进的，因为她们渐渐难于驾驭之故，他意欲养成一批青年女伶的后备队，以便有什么老演员倔强不驯的时候作为替补之用。

几个月之后，一个专差到利物浦找到了西邓斯夫人，和她订了一季的合同。她等到一个女孩生下，身体回复到可以旅行的时候，全家便搭了驿车上伦敦。轮子在碎石铺成的路上摇摇摆摆地滚着，美丽的少妇很快堕入甜蜜的幻想中去了。她才二十岁，就要到英国最大的舞台上，在旷绝古今的名演员旁边登场。她的幸福是可想而知了。

声名盖世的茄列克所统治的特罗·莱恩（Drury Lane）剧院，和西邓斯夫人素来认识的戏院大不相同，那里有一种严肃的情调。茄列克对于演员们取着敬而远之的高傲的态度。在走廊里，谈话是低声的，约翰生博士（Dr. Johnson）[1]走过时，众演员都对他鞠躬行礼。

西邓斯夫人对于经理的接待十分满意。他说她光彩逼人，问她最爱哪几种角色，请她背诵一段台词。她选了"洛撒兰特"（Rosalinde）[2]；她的丈夫先给她提了上一段的半句，她便接着念道：

"爱情只是疯狂，应得如疯人一般把它幽闭在黑暗的牢狱里

---

① 系英国大批评家，现译约翰逊。
② 系莎翁名剧《任从尊便》（现译《皆大欢喜》）中的主角，现译罗瑟琳。

鞭笞，人们却尽它自由；因为这种疯狂是那么普遍，即使狱卒亦会爱恋。然而我……"

迷人的西邓斯夫人这样念着。茹列克却想道："见鬼！见鬼！这些蠢货什么也没有。我的最平庸的后补女伶，年纪比她大了二十岁，美貌更是差得远……洛撒兰特！至少还缺一个当情夫的角色！唉，多么可惜！"

他恳切地谢了她，劝她首次登台还是扮演《弗尼市商人》[①]中的卜蒂阿（Portia），这个比较冷静的角色，只要善于说辞便可使年轻的生手对付得了。

下一天晚上，茹列克主演《李尔王》（King Lear）[②]，他把自己的包厢让给西邓斯夫妇，演完戏后又请问他们有什么印象。茹列克虽然已经享了三十年的盛名，但对于第一次看到他演剧的人的惊异赞叹，还是极感兴趣。

西邓斯夫人简直迷乱到惊心动魄的地步。当那个可怕的老人乱发纷披地念出那段诅咒的说白时，她看到全场的观众一致往后仰去，有如一阵风吹过麦田那样。

在后台，她惊讶地发现刚才扮演"痛苦"[③]的角色又已回复成短小精悍、倜傥风流的人物。看出她在沉默之中隐藏着惊愕之情，他觉得很高兴，说话也愈加起劲了。他脸上的线条有一种不可思议的变化。他改易脸色，有如捏塑面团一样容易。据说画家

---

① 莎翁名剧，现译《威尼斯商人》。
② 莎翁名剧。
③ 指李尔王。

霍迦斯（Hogarth 1697—1764）因为不能在斐亭（Fielding 1707—1754）[1]生前完成他的画像，就由茄列克代做了斐氏的模型。他稍加研究便把已故的文豪扮得逼真，使画家完全满意。那天，在围绕着西邓斯夫人的一群人前面，他突然扮起玛克倍斯王在杀人之后从邓肯室内走出来的情景；接着他又立刻变成一个糕饼铺里的学徒，头上顶着一只篮，嘴里嘘嘘作声地走着；接着他又忽然后退，在场的人都以为是老王的幽灵在丹麦哀尔斯奈的云雾中显现[2]。

——怎么？西邓斯看得发呆了说。没有布景……没有配角？……

——朋友，短小的大人物说，如果你不能对一张桌子谈恋爱如对一个世界上最美的女人一般，你将永不会成为一个演员。

这晚上，西邓斯夫人第一次懂得也许连她自己也不能算一个演员。以后几次的排演终竟使她着慌了。茄列克令大家把最细小的动作最轻微的语调都要用心思索。许多演员把剧中人物的性格记录下来。茄列克每次排演时总要把自己的笔记修改一下，好似一个大画家每次看到他的作品都要加上几笔一样。他主干的玛克倍斯又勇敢又颓丧，变化无穷，真是杰作。西邓斯夫人不曾下过这种功夫，没有这种能力。可是回想到周游各埠时所受的欢迎，大家对她美貌的赞赏时，她又勇敢地回复了自信心。

---

① 英国名小说家兼政论家，现译菲尔丁。
② 此系《哈姆雷德》中的剧情。

一个无名女角初次登台的戏目,《佛尼市商人》,公布出去了。观客看见台上走出一个脸色苍白的卜蒂阿,穿着一件不入时的肉色袍子,浑身抖战,几乎走不成路。台词一开始便是极高的声调,脱了板。每句之末,声音直落下去,又如喁语一样。

翌日各报的批评都很严厉。毫不假借的西邓斯先生老老实实地把评论念给妻子听。她在自己班子里原是丈夫的敌手,故他有意捉她的错儿。然而西邓斯夫人不承认她的失败果是如何严重。她那么热情,那么信赖自己,再也不肯气馁。她窥探着观客的目光,希望发现多少赞美她的表情,即使平平常常的赞美也好,并且人们对于这样一个秀色可餐的人物,也颇想谀扬她一下。但她实在演得太坏,大众的目光移向别处去了。

一季终了的时候,她的契约没有继续。茄列克和她告别时勉励她不要丧气。"留神你的手臂,他还说。在悲剧中,一个动作永远不该从肘子上出发的。"

三

"成功无望,失败来临。"西邓斯夫人在伦敦只逗留了六个月,但她离开时已经变过了。来的时候,她是无忧无虑的,光荣的;去的时候,她是热情的,屈服的了。她禁不住怀恨那些美丽而嫉妒的敌手。在忠诚的朋友面前,她会叙述特罗·莱恩三大名角怎样排挤她,怎样地要掩抑她的才能,茄列克又是怎样地于无意之中助成她们的阴谋。那些聊以解嘲的理由,她亦明白是不成立的,但她要获得友好的舆论的谅解以安慰她的自尊心;在她心里，她明白自己的失败是咎有应得。对于一个头脑清明的人，只要看到完满的表演便能辨别好坏。西邓斯夫人虽然瞧不起那些女人，却也叹赏她们演出的技巧，举止的妩媚，服装的美妙。她知道这一切都得建设起来。她想："我一定建设起来。"

不论她失败到什么地步，终不致使她再到乡间的谷仓硬地上去演戏的了。特罗·莱恩剧院中的败迹，在孟却斯特已是一个光荣的头衔。大家很高兴在外省各大戏院中鉴赏西邓斯夫人。即使他的丈夫也能插足其间，扮演着老天爷恰恰按照他的才能配就的角色。

不久，西邓斯夫人的弟弟——约翰·悭勃尔亦投奔来了。他从杜哀修院逃归，因为觉得自己演戏的天才远过于传道的天才。他的长老们命他在用餐时间朗读圣徒行述，他那悭勃尔家美妙的嗓音，不知不觉地唤醒了他遗传的趣味。在教堂里听讲道时禁不住喃喃地说："怎样的角色！"他想到这层，不得不承认自己的天禀定在另一方面了。在修院里所度的几年岁月，使他学了拉丁文、古代史与宗教史，也学会了上流人物的仪态。

西邓斯夫人和她的弟弟一同研习剧中人物，很快乐，也很得益。他教她读史。于是剧本的文字变得生动了，周围也展开了整个新鲜美妙的背景。她在自己的情操与回忆中发现不少崭新的宝贵的材料，非常惊异。她的野心已经幻灭，对于懦弱的西邓斯有些鄙视，更怀着苛求的强烈的母性：这样改变过了之后，她自然不难扮演"玛克倍斯夫人"这角色了。似乎悲剧的幽灵，喝着牺牲的黑血恢复了它的力量与言语。

美好的人生

　　成功原是一个忠实的伴侣，紧随着西邓斯夫人的进步而来。在她逗留过的许多城市中，有种种关于她的传说。大家说她到处带着她美丽的孩子。虽然她的足胫生得十分美满，但因她素来重视端庄的缘故，演戏时的化妆总把一方大巾裹着两腿。大家正爱天仙般的容貌与神圣的贞洁会合一处。观剧的乐趣因了女演员的私德而升华了，约翰的声音中所保有的教会情调，更加令人获得快慰的美感。

　　种种快意的奇遇，使这勤勉朴素的生活添了不少生趣。许多城中，朋友们都急切盼望他们来到。那时还有多少富有风趣的乡村旅店，如特淮士地方的黑熊旅店便是。店主洛朗斯手里挟着一本莎士比亚的集子招待客人，在领他们选择卧室之前，定要为他们念一段诗，或是叫儿子汤姆斯替来宾画一个侧影，他只有十岁，但已很能抓握各人的特点了。他曾为西邓斯夫人画过几张优美的铅笔画，她很欢喜看到他，他也常常问他的父亲，"最美的夫人"几时来。

　　不久，西邓斯夫人声名鹊噪，甚至倍斯城也来礼聘她。这个明秀的温泉疗养城，当时住满着英国的名流。在那边戏院里成名的地方角儿，可以借重当地居民的声望，很快成为全国的名角。最初几天，西邓斯夫人深怕会重演伦敦的故事。喜剧中的好角色早被戏院中根深蒂固的演员占去了；剩下的只有悲剧，在最不卖座的星期四上演，因为当地的习惯，那天是参加化妆舞会去的。

　　但数星期后，倍斯城平静的历史上发生了一件重要的事故，好似伦敦换了一个新政府那样：原来流行的风气转变了。星期四去看西邓斯夫人演莎士比亚成了上流人物的习惯。同时节，青年画家汤姆斯·洛朗斯也到倍斯城来追寻财富与光荣；请他替自己亲爱的人画像也算是一桩漂亮事情。

他慢慢地靠了美貌与才能挣得了金钱与荣名。凡是早熟的魅力与缺点，他在十二岁上已经具备了。他的素描家手腕，色彩家的天禀，可说是一件灵迹。

整个城市在叹赏这青年，而他，他却在叹赏西邓斯夫人。他怀着温柔的模糊的情操，白天到她家里去，晚上到她戏院的包厢里去。在他用轻灵的笔触描绘过的多少女像之中，唯有西邓斯夫人的面貌是他真正爱好的。他爱温柔的体态，光彩照人的眼睛，精练简洁的线条，他爱这些甚于世界上的一切，他并以为这都是西邓斯夫人所独有的。西邓斯夫人也愈益艳丽了，从前微嫌纤弱的身躯此刻长着结实的肉，身上的线条变得格外柔和丰满了。洛朗斯对她尽看不厌。在戏院里，他爱在她裙边厮磨，呼吸着她浓郁的香气；端庄的西邓斯夫人用着母性的爱娇的态度，听任这早慧的儿童在身旁厮混，沐浴着她娇艳的光芒。

她在此过了几年快乐的岁月，交结了不少优秀的朋友。他们对她十分忠诚，用着很了解的心理注意着她的努力。女儿们渐渐长大，颇有如母亲同样美丽的希望。西邓斯先生不再演戏了，替妻子管理事务，在朋友中间喝过了饭前的开胃酒以后，偶然也要评论她的艺术，语气之中一半是关切的赞美，一半是严正酷烈的批判。

但是荣名震动了社会，伦敦在召唤。她为了顾虑全家庭的前途，她不能放过太好的机会。观客对她依依不舍的情景真是动人，她不得不拥着三个孩子重新登台致谢；这告别的一幕充满着庄严凄恻的情绪。在众人中间，年轻的洛朗斯尤其难过，发愿也要上伦敦去，愈早愈好。

四

这次的旧地重游，虽然与第一次来时的情景完全不同，特罗·莱恩剧院仍是使她害怕。她自问她的声音能否充塞这巨大的剧场，后悔不该离去那大众一致爱戴她的倍斯城。日期愈近，她恐慌愈甚，到了那天，在赴剧院之前，她祷告了很久。她特地请她的老父从外省赶来，一直陪她到更衣室；她穿装时保守着那样深沉的静默，那样悲怆的镇定，以致服侍她穿扮的女仆也觉骇然。

就在第一幕上，观众的掌声和眼睛使她安心了。她的晶莹的大眼睛，垂垂下堕的浓厚的长睫毛，轮廓匀正的面颊与下颚，丰腴饱满的蝤颈，使男人们鉴赏不止。"瞧啊，有人说，这是我从未见到的人类最美的模型。"她的完美的艺术也一样令人叹服。一种温婉的热情占据了全部观客的心。数小时内，大众的心灵沉浸于惊奇赞美的欢悦中，远离了一切庸俗卑下的情操：真是神圣之夜啊！

回到家里，已是精疲力乏了。她的快乐与感激的程度使她无从启口也无从下泪。她谢了上帝，然后和她的老父与丈夫享用一餐菲薄的晚饭。席间大家默不作声。西邓斯先生偶然发出一两声欢乐的表辞，悭勃尔老人有时放下刀叉，用着美丽的演剧的姿势，身子一仰，把雪白的头发往后掠去，合着手垂泪。随后大家道了晚安分别了。西邓斯夫人，经过了一小时的思索和谢神的祈祷之后，沉入甜蜜的美梦中去了，一直酣睡到翌日晌午。

连续的几场公演，使一般识者确认这新演员具有一切艺术上必具的天才。

如在倍斯城一样，看年轻的女演员的悲剧而痛哭流涕，成了伦敦的风气。自从这个习惯风行以后，四十年来没有哭过的眼睛也突然涌出真情的热泪。英王与英后看着人民悲欢交集的情景而哭了；反对党在池子里流泪；怀疑主义者希拉邓（Sheridan 1751—1816）①擦着眼睛；即使戏院内面的人亦不禁为之动情。两个年老的喜剧演员互相问道："亲爱的朋友，我的脸和你的一样苍白么？"凡是没有泪水的眼睛，便给人瞧不起。

一般交际场中的人物自然而然怀着极大的好奇心，期望从近处去看一看这个突然在他们心中占据着重要地位的人物。她却谢绝应酬，只以研究剧中人物和体味家庭生活为乐。偶然却不过情面而出去时，便看到客厅里一大群不相识的人包围着她的坐处，她呢？差不多老是一声不响地抱着沉思的态度。

王室宠赐她隆重的接待。以放浪著名的威尔斯亲王对她也很尊重。谁都会一望而知地懂得，用热情去追逐这样极有自主力的女子是徒然的。"西邓斯夫人么？"一个素好冶游的人说，"我

---

① 英国著名剧作家。

想还不如去和康德蒲里的主教去谈爱情的好。"爱情，的确是她从未想到的问题。她虽然早已把西邓斯先生放逐于她的感情生活之外，却也不觉得需要觅人替代他。除了戏院和她担任的角色以外，唯有孩子与饮食才是她关心的两件大事。她常用感动的声调讲起兰福特地方的黑面包与倍斯城独有的一种火腿。某次她到爱丁堡去演戏，获得极大的成功；当地的市长请她吃饭，席间问她觉得牛肉是否太咸，她用着最悲壮的声音答道："我永远不会觉得太咸的，市长！"她又用恰配"玛克倍斯夫人"身份的音调，向侍者念出两句随口诌成的诗："我原说是大麦水，侍者，你却拿了水来。"

她在日常生活中常常自然而然地运用这种庄严的语气，但她的敌人们不愿指出她这种诙谐的地方。西邓斯先生欢喜说：

"她艳若桃李的姿容使人眼花缭乱，

她冷若冰霜的态度令人喜惧参半。"

其实这种说法是不公平的。他的妻子对于她选中的朋友具有真挚的率直的热情。以后几年中，她声名日盛，结识了英国当时所有的优秀人物。画家莱诺支（Reynolds 1723—1792），政治家勃克（Barke 1730—1797），福克斯（Fox 1759—1806），但有那可怕的约翰生博士，都因了她忠诚的友谊与尊严的生活而敬爱她。当人家想起她冷若冰霜的态度时，总微笑着说："这是因为她把一切感觉的力量都集中于她的艺术之故。"

这种评语只说准了一半。因为她为母的心肠更甚于做艺术家的志愿。她对于子女的爱，表面上虽不怎样热烈，也没有怎样的感伤色彩，但确是她主要的生命线。

　　靠了她的力量，女儿莎丽与玛丽亚过了一个快乐的童年。她们觉得被一种强盛的威力包围着，她们莫名其妙地接受了。喜剧家，文人，王公贵胄，送礼物给她们。年轻的洛朗斯也从倍斯城来到伦敦，成为她们亲密的客人中的一员。

　　他出落得俊俏非常。他的模特儿，那些美丽的女人，在作画的时光喜欢看他垂在匀正的脸上的棕色长发。她们亦喜欢听他装着神秘的腔调说废话，使他的议论格外亲切动听，给她们消愁解闷。他非常温和，会用世界上最美的谀辞恭维妇女；他已有了不少艳史，挣了不少的钱，花费得尤其可观。贤慧端庄、贞淑虔敬的西邓斯夫人对他非常宽容。也许因为他永远幽密地崇拜她的美艳，故她不知不觉地感激他。看见他或是听到人家提起他的时候，她便想到幼年时引为奇异的弥尔顿诗中失宠的天使①。

　　男人们却并不这样宽容。多数人士责备洛朗斯过于周纳的举止与过分的礼貌，不免有些暴发户气派。天性冷淡的英国绅士，觉得永远挂在脸上的笑容非常可厌。他们说："他从来不能正正经经地连续到三小时以上。"他所作的完满的肖像，和他的为人也没有什么两样。有如那些早熟的美女，在不曾懂得感觉之前便谈恋爱，以至变成颓丧的危险的轻狂妇人那样，这神童也用他的艺术轻狂起来。他在未有表现内容之前，先已懂得怎样玩弄他的表现方法。一般人士因为在他那么幼小的年纪有了那么可惊的成

---

①　指堕落的天使，即撒旦。

绩，故只期望他搬弄纯属于外形方面的手段。这儿童画家亦太忙于制作了，没有学习人生的余暇。他的巧妙的手腕，不久便消耗于无用之地，即使他的性格也变得畸形了。轻易获得的名利，使他的热情来不及经过心灵的深刻的洗炼。一种极度的骄傲，在内心中僭越了热情的地位。

那时候，洛朗斯年纪还轻，人家也看不到这等深刻的作用。但当女人们眉飞色舞地赞美他粉笔画的神韵时，多少老鉴赏家禁不住要喃喃地说："他只描绘躯壳罢了。"

他差不多一有空暇便到西邓斯家厮混，他成了两个女孩子的良伴。他为她们讲故事，画速写。无微不至的亲切，正迎合了女孩家的自尊心。她们想："真是，世界上再没有比洛朗斯先生更可爱的人了。"

一七九〇年，约翰·悭勃尔因为对于他早年所受的法国教育留有很好的印象，故怂恿把莎丽姊妹送到加莱去完成她们的学业。有些悲观的人说法国正闹着革命，但西邓斯夫人所认识的外交家们，却说这些政治运动是无关重要的。

五

第一批法国人的头颅落地了，特别熟悉外国情形的英国人告诉她们，说法国人儿戏般的骚动颇有演为流血惨剧的可能。于是西邓斯夫妇渡海去把女儿领了回来。在巴黎经历着米拉博

（Mirabeau）与劳白比哀（Robespierre）①那般领袖们统治的期间，这些女孩子亦长大成人了。

莎丽，十八岁，已经承受了母亲遗传给她的美，匀称的线条，悭勃尔家特有的鼻子，褐色的绒样的眼睛。尤其是使西邓斯夫人特别动人的那种又坚决又温柔的神气，莎丽也同样地秉受了。玛丽亚，十四岁，还有些粗犷之气，但她的眼睛却是美妙无比，性情也异常的活泼。姊妹俩身体很娇弱，父系血统中有过不少的肺痨病者，因此母亲老是替她们担心。

她们回来看见家里依旧是高朋满座，洛朗斯马上来访问她们。莎丽的美貌把他迷住了；简练的线条与完美的轮廓原是他心爱的，西邓斯夫人二十岁时他便为了这些颠倒过来，此时又在莎丽身上重新发现了。他常常出神地望着她，可以消磨整个黄昏。她也觉得往日对他的敬爱之情重复苏醒了。一俟他向她求婚时，她立即快乐地应允下来。这是一个严肃的善心的女郎，爽直的脾气不欢喜如那些世俗的女子般装出欲迎故拒的样子。

西邓斯夫人对于儿女素来当作知己的朋友一般看待；洛朗斯的请求与莎丽的答复，她过了一天便已知道。她感到一种自然而然的不安的情绪。她认识洛朗斯已有十年，知道他脾气的暴戾与变化无常。一个天才在人生中常常获得唯暴君方能获得的宽容；人家原恕他的使性，什么规律也不能制服他的怪僻；凡是做他的妻子或情妇的人，必得要有超人的忍耐性才行。在洛朗斯永远的

---

① 以上两人皆为法国大革命时政治家。

笑容之下，掩藏不了他的自私与苛求的性格。

但西邓斯夫人把女儿的品性看得那么优越，认为即使这个难与的男子，她的女儿亦能对付得了。最深沉的严肃，最可爱的风趣，莎丽兼而有之。她的完满的德性，使她母亲联想到莎士比亚剧中几个可爱的女子型，又是天真又是严肃。因此，她对于这件婚事原则上表示同意，但为了莎丽年事尚轻，并为试验洛朗斯的爱情是否稳实可靠起见，她要求他订婚时间必须长久，在若干时间内不令西邓斯先生知道。她已惯把女儿的事情当作自己的一般，不愿受丈夫的无聊的议论。

靠着西邓斯夫人的维护，未婚夫妇得以自由会见。他俩常在伦敦的各大公园散步。有时，莎丽也到画室里去，洛朗斯常以替她描绘各式各种的速写为乐。

一向与莎丽形影不离的玛丽亚，从此常常孤单了。她看着姊姊很幸福，心中引起一种莫名其妙的反应。姊姊的深沉质朴的性格，她比任何人都感得真切；她亦温柔地爱着她，但对于姊姊竟把她俩从童时起便深表敬爱的男子征服了这回事，不免含有几分妒意。几个月之内，她出人意表地换了一个样子，在她母亲与姊姊的充满的姿色旁边，她居然发现了一种犷野热烈的丰姿来惹人怜爱，而这些特点也许正是她母亲与姊姊所没有的。

一个少女在一种魅人的魔力从自己身上诞生出来的时候，确有说不出的陶醉之感。她从暗晦幼弱的童年突然转入成人的阶段，具有广大无比的魔力。在她身旁，最刚强的男子亦将心旌摇摇不能自主。她觉得只要一句话，一个动作便可使他们变色。这种征服男子的快感，待她一朝辨识之后，再也不肯放弃了。她并不像姊姊一般受着道德或宗教的束缚。她难得思想；她的动作颇像一头善于戏弄的动物。当母亲想和她谈什么正经的或高深的问题时，她会用一种撒娇的神气支开：她是轻佻的，迷人的，没有牺牲的勇气。

啊，她居然跃跃欲试地想用她的魔力向洛朗斯进攻了！在有些极细微的标记上面，她认为洛朗斯是不难觉察她的魔力的。莎丽也太大意，把自己对于洛朗斯的爱情表露得太显明了；但这可怕的男子只要没有什么阻碍需要他战胜时便不耐烦。她答应他的亲吻已经成了习惯，觉得腻了。这艺术家，女性美的热烈的崇拜者，常爱窥测少女的脸容，从精微幽密的动作上参透她的心意，这种试探给予他一种甘美的乐趣。他渴想把这飘忽的细腻的爱娇在画布上勾勒下来。他常言他的野心是要描绘童贞的少女的红晕，但他说从没有一个画家获得成功。

他屡次要求他的未婚妻带玛丽亚同去散步，莎丽天真地答应了，玛丽亚暗暗欢喜地接受了。她率直的机巧使洛朗斯的好奇心大为兴奋。卖弄风情的能耐，莎丽是全然外行，于玛丽亚却是天生的本领，莎丽一朝用情之后，唯有祝祷爱人的幸福；玛丽亚却似和自己游戏那样，故意逗引人家试探，等到人家向她进攻时却又立刻拒绝，对于她自己挑拨起来的男子的举动，突然做出佯嗔假怨的神气。老于风月的洛朗斯，看到这种游戏便大大地激动了。莎丽的地位慢慢地被这些新角儿占去了，她变成宽容的天真的旁观者。爱神，这魔鬼般的神怪莫测的导演，已经取消了莎丽所担任的角色，但她只是不觉得。

不久，洛朗斯与玛丽亚不知不觉地情投意合了。在好些地方，他俩的趣味不约而同地很融洽，但和莎丽的意见格格不入。莎丽喜欢朴素的衣衫，喜欢平淡无奇落落大方的形式，洛朗斯与玛丽亚却不讨厌奇装异服，喜欢令人出惊。两人都爱豪华的生活，广博的交际，阔气的应酬；莎丽呢，只希望有一座小小的房子，照顾儿童，接待稀少的朋友。她也不大重视金钱，期望洛朗斯每年只作少数的肖像，只要是精品。玛丽亚却迎合这青年画家的天性，爱好作漂亮的肖像，画得快，赚得多。虽然莎丽生性沉默，提防着不使主要的事情受着风波，此刻也不免和未婚夫常常争执。玛丽亚，确切的计划固然是没有，但往往把谈话牵涉到于自己有利于姊姊有害的题目上去。

洛朗斯变得烦躁易怒，非常暴戾。他有时对待莎丽很冷酷。他也随时后悔，责备自己，说："真是，我疯了！她没有一些缺点。但我舍得失掉另外一个么？"他和所有与他同类的男子一样，对于一切女子都妒羡。因为他胸无定见想占有好几个女子，所以在二美之中更不知选择了。但他心中已有放弃莎丽的倾向，因为他觉得更能左右她。莎丽的爱情是经得起失恋的打击而不会破灭的；唯其如此，像洛朗斯那样的男子更加跃跃欲试地想负她了。

然而这些情绪还在渺渺茫茫酝酿之中，他亦不敢率尔承认。在他心地最好的时候，他批判自己非常严厉。在镜子前面，用他惯于猜度脸相的眼睛毫不姑息地望着自己。"是的，"他想，

"在口与下颌上面确有坚决果敢的表情，但这坚决果敢并不基于理智，而是肉的，纯粹是兽性的产物。"站在这样客观的地位上，他颇想抑止自己的情欲。但男子对于这种功夫是不大高明的，被抑制的肉欲自会用种种化装的面目出现，绝计瞒不过动了爱情的女人。

莎丽原是三个人中意志最坚定的一个，她因为沉默寡言之故，最先发觉这种局面的难于长久，最先发觉她的爱人爱上了她的妹妹。凄恻之余，她立刻退让了。"这是很自然的，"她想，"她比我美丽得多……生动得多可爱得多……我的严肃令人厌烦；我又不能而且不愿改变这种态度。"

每晚总是玛丽亚疲乏了先上床，莎丽在床前和她谈天。她们欢喜这样的长谈。在某次谈话终了时，莎丽温柔地问她，她是否确信不爱洛朗斯。玛丽亚脸色绯红，一时间目光也不敢对着莎丽了。她们中间再也不用别的解释。

莎丽告诉洛朗斯，说他尽可自由决定，那时他真诚地演了一幕喜剧，装作绝望的样子。他先是否认，终于招供了。她要他去见西邓斯夫人向玛丽亚求婚。

六

当玛丽亚知道自己占了胜利的时候，她感到一种甘美的战胜的情操；她禁不住遇到镜子就跳舞，歌唱，微笑。至于莎丽的哀伤，她却是想到亦不觉怎样难过。"可怜的莎丽，"她心里想道，"她从未爱他。她还会有懂得爱情的一天么？她是那么冷

酷，那么拘谨……"她又想："而且这可怪得我么？我何曾有过拉拢洛朗斯的行为，我行我素，如是而已。难道要装出愚蠢的怪样子才对么？"

莎丽也在考察自己的行为与精神状态，自问道："我怎么会舍得失去我比爱自己更甚的人？难道我真如玛丽亚所说的一般不能有热情么？可是，只要我能重获一小时，即使十分钟的洛朗斯的爱，那么我虽立刻死去，也将感到无上的快乐。为了他，我什么事情都可以做；我所以肯退让，第一是为成全洛朗斯的幸福；而这是玛丽亚所做不到的。我自信比她更加爱他。有如我的母亲一样，人家说她冷酷，我却知道她用了何等强烈何等深刻的爱情爱我们。"

有时，她亦埋怨自己在洛朗斯前面早先没有尽量表露她的爱，后来没有尽量表露她的痛苦。"然而，不，"她想道，"我是不能呻吟怨艾的。我的天性是逆来忍受，不作一声。一件事情到了木已成舟的地步，哭泣又有何用？"

两个新结合的爱人，对于这种突如其来的变化不知向西邓斯夫人怎样解释得好；莎丽自告奋勇，愿意代他们去申说，并且用了坚忍不屈谨慎周密的心思去执行她的使命。西邓斯夫人非常惊愕，同时又是非常不满。洛朗斯的反复无常，她久已识得，在此她更得到可怕的证据；这等男子将是怎样的一个丈夫呢？她答应莎丽的婚事，因为她确信莎丽能够顺从，在必要时能够忍受难堪；但一个使性的个性很强的女孩子和他一起时，又将变成什么样子？而且玛丽亚非常娇弱，她不断地咳嗽使医生们常常担心。

把她嫁人是不是妥当的办法？但莎丽和她母亲说：

幸福对于她的健康可以发生最好的影响；自从她知道了洛朗斯爱她之后，八天之中，她已完全变了，更快活，甚至更强健了些。

——你们的父亲永远不会答应这件婚事的。西邓斯夫人说。你知道他何等希望他的女儿们获有相当的财产来保障生活；洛朗斯所负的债务已很可观，我是知道的；玛丽亚又不善于支配家庭的用度；他们将十分不幸。

——洛朗斯先生可以埋头工作。莎丽说。大家都说他不久将是当代唯一的肖像画家；玛丽亚还很年轻，她慢慢地会谨慎的。

她明白感到，她的责任是绝对不让投合自己热情的理由占胜；她甚至把心里明知是无懈可击的事理加以驳斥。这场辩论拖延了好几个星期，玛丽亚的健康受到影响了。她咳得更厉害，每晚都发烧，身体也瘦了。不安的情绪终于使西邓斯夫人让步了，她允许他们会面、通信、散步；且为不给西邓斯先生觉察起见，莎丽答应在一对未婚夫妇中间做传信者。

——幸运的玛丽亚！她想道。一个女子所能希望的最大的幸福，她已享到了。但愿，啊上帝，在此阻碍消除的时候，但愿洛朗斯的爱情不要像对我那样的消逝！他是一旦遂了欲望之后很易厌倦的啊！

玛丽亚因为母亲让步所致的稍有起色的健康不能持久。医生从没相信这种感情的影响；脉搏令人担忧，"肺痨"这名词从医生口中流露出来了。莎丽请求大家什么也不给洛朗斯知道，怕他

得悉爱人所处的险境而感受剧烈的痛苦。当医生认为玛丽亚必须留在室内的时候,洛朗斯得到每天去看她的许可。莎丽陪着她的妹妹,但仆人通报洛朗斯先生来到时她便引退,去坐在钢琴前面试奏她心爱的曲子。可是她的手指停着,沉入幻想中去了:"啊!只要我有玛丽亚般的幸运,我真愿顺受她的疾病,危险或致命,我都不怕!"在这等绝望的情绪中,她觉得有一种奇特的纯粹的快乐。

几天之后,正当她照例引退的时光,洛朗斯请她留着。她迟疑了一会,因为洛朗斯的坚持,终究答应了。翌日他仍作同样的请求,稍后,更要她如往日一样地为他歌唱。她有天赋的曼妙的歌喉,也按着有名的情诗自己作谱。她唱完之后,洛朗斯坐在钢琴旁边尽自出神。等到玛丽亚向他说话时,他的头微微一震,好似从辽远的想象中惊醒过来一样,他随即向莎丽热烈讨论她新作的歌曲。这种情景使玛丽亚觉得诧异,她用微愠的神气想引他注意,但他并不理会。

于是她迅速地改变了:本来已经消瘦,此刻又有些虚肿,皮色也是黄黄的。她觉得她情人的目光中对她露出恼怒的神气。洛朗斯自己也不明白心中又有什么变化。他眼前看到的只是一个憔悴的病人,非复当初使他热恋的鲜艳的少女。爱一个丑的女子,于他不可能的。每天的访问使他厌烦,简直当作一天的难关。玛丽亚整天闷在家里,一点也不知道伦敦社会上的新闻;而这却是时髦青年画家唯一的消遣。她明白看见他不似从前那样的殷勤了,恭维的好话也少说了;她暗自悲伤,而她抑郁的爱情愈加令人纳闷。如果没有莎丽在场，洛朗斯简直受不住这种委屈，或竟不来了。然而他不由自主受着她的吸引。她在他变心时表示毫不犹豫的退让，尤其是对付他的那种自然的态度，使这个惯于经受热情的男子大为惊异：在这冷静的外表下面，藏有一种他所不能了解的神秘。她还爱他么？他有时不免这样地猜疑，他立刻想重新征服她了。

他和玛丽亚的婚事获得西邓斯夫人同意之后六星期，他要求西邓斯夫人和他单独会见。"此刻我自己看清楚了，"他向她说，"实际是我一向只爱着莎丽。玛丽亚是一个孩子，她不懂得我，且亦永远不会懂得我。莎丽生就配做我的妻。我从童年起便惊叹你完美的面貌，和谐的品性，而这一切她都秉受了……我怎么会铸成这个大错的呢？你是一个艺术家；你应当懂得。你知道，我们这些人最易把兴之所至的妄念当作真实的意志般去实行；我们比任何人都更受意气的役使。我不敢和莎丽去说，得请你告诉她。如果我不能得到她，我也活不久的了。"

西邓斯夫人对于这桩新的变化万分惊异，责备洛朗斯不该玩弄两个娇弱的女孩子的情操，他这种好恶不常的任性足以损害她们的健康，甚至危及她们的生命；但因为他口口声声说要自杀，她不禁踌躇起来。无疑地，这种局势对于她的刺激，远没有对于一个普通母亲显得那样突兀。她已在戏剧中看惯最少有最复杂的变故，她在现实的悲剧和她常在台上表演的悲剧中间简直分辨不清楚，职业养成了她的宽容心，使她接受了洛朗斯的请求。而且一般的喜剧告诉她，在恋爱事件上愈摈拒愈会激动热情。在她心目中，洛朗斯是理想的男子典型；他对她的敬爱与恭维使她感到无上的喜悦。对任何人都不能宽恕的行为，她可以宽恕这堕落的美丽的天使。经过了长久的迟疑之后，她终究应允去和女儿们说明。

玛丽亚受到打击时，比起莎丽来可完全两样了。她苦笑了一下，对于洛朗斯先生的变心说了几句的讽刺话。以后她便不提了。可怜的女孩子，脾气多高傲，她要隐藏她的痛苦。她只说希望永远不看见这个男子，并且问莎丽，她，是否仍有见他的意思。

莎丽尽力安慰她。但莎丽得悉这惊人的消息时，也不能不有甜蜜的快感。无恒啊，懦弱啊，一霎时都忘掉了。她太爱他了，自会想出种种理由原谅洛朗斯的行为。尽管她如何明智，她亦禁不住把自己的私愿当作真理，此刻亦轮到她相信玛丽亚从未爱他了。这种思念全因为激情使她盲目的缘故才有的；否则这次变卦对于弱妹所发生的迅速的影响，难道还不能使她明白玛丽亚受到怎样的创伤么？玛丽亚变得抑郁、悲观；她从前多少轻佻多少快活，而今只是慨叹人生虚浮、人事无常了。

——我想我活不多久了，她说。

当她的母亲与医生劝慰她时，她答道：

——是的，这也许是错觉，也许是神经衰弱，但我总不能自己这样想。并且这又有什么要紧？倒可以使我免去许多苦楚。我生性受不了苦，没有逆来顺受的勇气；我短短一生中的不幸，已够使我厌生求死了。

洛朗斯定欲求见莎丽，莎丽写信给他说："你不能用严重的态度说要重来我家；玛丽亚和我都受不了。你想，虽然她不爱你，但看到你从前对她的温存移赠他人时，她是不是要难堪？你能忍心这样做么？我能这样接受么？"

可是她虽然那样小心地不愿伤了妹子的自尊心，她毕竟热望要和洛朗斯相会；获得母亲同意之后，她秘密见了他一次。隔天，她买了一只戒指，整天戴在手上亲吻，随后送给洛朗斯请求他保存着和他的爱情一样长久。

他们回复了往日的习惯，在拂晓或黄昏相遇，同往公园散步。她也到他画室里去，把她在最近一次分离中所作的歌曲唱给他听。当他赞美她的歌喉日益婉转圆润时，她说："你以为我不认识你时也会这样地作谱度曲么？你生存在我心坎中，在我脑海中，在我每缕思念中，但你那时不爱我……可是这一切都已忘了。"

但玛丽亚，在空气恶浊的卧室中一天一天地憔悴下去。春天来了。阳光在病榻周围慢慢移动。她站在窗前，羡慕那些踯躅街头的小乞丐。"这时候，"她说，"除我以外似乎一切都在光明中再生了。啊！如果我能到外面去，受着料峭的春风吹拂，就是只有一小时的时光，我也将回复我的本来。我实在再没别的希冀了。"

几个月之前何等爱玩的女郎，变得如是凄楚悲苦，使西邓斯夫人大为惊惶；她不能把心中怕要临到的惨祸明白说出，她尽自烦躁不安，胸中的愁虑既不能和西邓斯先生商量，因为一切都瞒着他，也不能和莎丽说，因为不愿破坏她的幸福；在这种情景之下，她唯有在热心研究剧中人物时得到少许安宁。

那时正在上演一出从德文翻译过来的剧本，是高兹蒲（Kotzbue 1761—1819）①的《外人》，讲一个丈夫宽恕妻子不贞的故事。剧中的大胆与新颖之处引起不少批评。如果这种宽容可以赞成的话，维持一切基督教国家家庭生活的第七诫②将被置于何地？但西邓斯夫人把这个角色表演得那么贞洁，令人不得不表同情，她也很欢喜这人物，因为她可以借此痛哭。在舞台上所流的眼泪能够给她极大的安慰。

七

夏天来了。玛丽亚不住地咳嗽，愈加萎顿。不幸的遭遇把她磨炼得温和胆怯了；她常常要求莎丽唱歌给她听，听到这清澈的声音时她觉得更凄凉更宁静了。她什么人也不愿看见，尤其是男子。"我要安静和健康，我更无别的希望。"

天气渐热，医生的意思要送她到海滨去。西邓斯夫人为剧院羁留着不能陪她同往，但她在克利夫顿那小城里，有一个十分亲密的老友，名叫潘尼顿夫人，答应负责看护玛丽亚。

潘尼顿夫人与西邓斯夫人通起信来，开首总写"亲爱的灵魂"。这种称呼对于西邓斯夫人是毫无作用的，潘尼顿夫人这样

---

① 德国剧作家，反对浪漫主义最力。
② 上帝十诫中第七诫系不可窃盗。但细按此处所引，当系第六诫不可奸淫之意，不知是否原作者笔误。

称呼她，故她亦同样答称罢了。但潘夫人意识中自以为是一颗灵魂。她待人非常忠诚，常以自己的善行暗中得意。她照顾朋友的事务所用的热情，感动她自己更甚于感动他人。她最爱听别人的忏悔。她所写的情文并茂的书信，在寄出之前必要击节叹赏地重读几遍。

西邓斯夫人把玛丽亚托付给她时，把女儿失恋的故事告诉了她，这种事迹正是激动潘尼顿夫人使她入魔的好材料。参与别人的家庭悲剧是她最大的快乐，是表现她那么高贵的灵魂的好机会。

玛丽亚动身时很快活。一个年轻的女友和她告别，说"你到克利夫顿去定会有意外的奇遇"，她立刻用厌恶的态度答道："喔！我痛恨这个字。这是恶意的玩笑。"她亲抱她的姊姊，含着无限的温情，对她注视了长久，好似要在她的脸上窥探什么秘密一般。

善心的潘尼顿夫人想尽方法排遣病人的愁虑；她陪她乘车游览；用她最美的言辞描写海景、天空与田野。她替她朗诵流行的小说，甚至把她最美的信稿念给她听，这自然是特别亲切的表示。她竭尽忠诚照顾她。眼见这忧郁的美女一天一天萎顿下去，真是说不出的怜惜。然而她也热望她的照拂获得酬报；她觉得如慈母一般的爱护与诚挚的感情，应当足以换取她心腹的倾吐了。可是玛丽亚什么也不和她说。她徒然用尽心计在会话中巧妙地逗她诱她；她只是支吾开去，把谈锋转向平淡的事情方面。

玛丽亚偶然吐露出一字一句，表示心中深刻的苦闷。例如

美好的人生

潘尼顿夫人在伦敦报纸上念到一段新闻，有关她母亲演《外人》一剧所获的惊人的悲壮的成功时，她叹一口气说："大家爱在戏院里流泪，好似现实的世界上催人眼泪的因子还嫌不够，岂非怪事？"

但若这善心的夫人想趁此慨叹的机会逗她倾诉时，她便借了其他的话头隐遁了。她并不拒绝谈起洛朗斯，她用着鄙视的态度描写他的性格，但言语之间毫无涉及他俩关系的隐喻。在她的谈话里可以看出她引为隐忧的事情倒并非健康；她惯说她觉得死是一种解脱。在她的思想之中颇有些无法探测的隐秘。

潘尼顿夫人终究想出一种方法，以为必能打破玛丽亚的沉默，祛除她们中间那种不够亲密的隔阂。她选了一本希拉邓夫人著的小说念给她听。书中的主人翁是洛凡莱斯式的男人[①]，同时追求他恩人的两个女儿，实际上他是一个也不爱。潘夫人这个计策是怪巧妙的。一个受着巨创的人，往往以为自己的苦楚是特殊的，故深深地掩藏着有如一个羞人的伤口那样。但在别人那里发现有同样的情欲同样的悲苦时，他便觉得解放了，摆脱了。

玛丽亚听她念着这本小说，胸中渐渐激动起来。她身子前俯，眼睛水汪汪地支颐静听着；潘尼顿夫人暗中窥伺着她，等待她尽情倾吐的时刻来到。念到和玛丽亚自身所经历的最痛苦的一幕极肖似的一段时，她再也忍不住了："停止吧，夫人，我请求你，我支持不住了；这简直是我自己的故事。"

[①] 《李却孙》小说中的人物，以放浪形骸著。

于是遏抑了那么长久的往事如潮水一般涌了出来；她叙述洛朗斯双重的遗弃，双重的欺骗；她说出对他的怀恨，末了，终究使惊喜交集的潘尼顿夫人猜到了她引为隐忧的事情。她深怕她的姊姊会嫁给洛朗斯。她说这种结合使她恐怖，因为她确信莎丽要是和这般恶毒这般虚伪的男子一起，一定是祸不旋踵的。

　　潘尼顿夫人从西邓斯夫人那里得悉了玛丽亚所不知道的事情，即莎丽与洛朗斯又如从前一样地相见了。因此，潘夫人劝玛丽亚让她的姊姊自由做主。"假使她嫁了他，"玛丽亚答道，"我苟延残喘的日子，亦将于绝望中消受的了。"

　　潘尼顿夫人看她这样蛮狠不免激于同情，给西邓斯夫人写了一封美到极致的信，把经过情形告诉她，劝她要莎丽答应在她妹子患病期内决不订约。"我的确看到，"她补充说，"在这不幸的孩子的情势中，有一种潜意识的悔恨与隐藏着的嫉妒，但她是那样的创巨痛深，我们应当明白她的心境方可批判她的行为。"

　　而且她觉得，玛丽亚为着莎丽和如是使性的男子结合而担忧也很合理；在这等情景中，做母亲的可以而且应该施行必要的威权。

　　"亲爱的朋友，"西邓斯夫人在复信中写道，"你把可怜的病人分析如此深刻透彻，如此体贴入微，如此宽容慈爱，使我惊佩无已。是的，喔，最好的朋友，最可爱的女子，你已看到她的真面目，你也明白，要把对这可爱的妮子的责备与怜惜运用得恰如其分是不大容易的……莎丽身体好一些了，我很感谢你关怀她的幸福的建议。凡是可能做到的我都已做过了；即在没有你可爱的来信以前，我早就把我的疑虑与恐惧告诉了她。对于她，明智与温情不用遇事叮咛；她除了天真地把她的爱情向我倾诉之外，关于洛朗斯的可以非议的行为，她和你我同样明白，她并说即使丢开玛丽亚的问题不谈，她也觉得有许多严重的理由足以反对这件婚事。由是，你可以看到，为母的威权，即使我预备施展，在此亦将毫无用处。"

这封信递到时，可怜的玛丽亚的病正经历着险恶的时期，医生老实告诉潘尼顿夫人，说她是不久人世的了。西邓斯夫人为契约所羁，便由莎丽急急忙忙地赶来。离开伦敦之前，她请母亲转告洛朗斯，叫他放弃娶她的念头。她的那么明哲那么高尚的理由，使她的母亲大为赞叹："我的温柔的天使，可佩的孩儿，我对你真是说不尽的叹服！"

西邓斯夫人把这个信息传给洛朗斯时，他如发疯一般地走了，临行还说人家可以看看他的热情将驱使他往哪儿去。西邓斯夫人以为他是得悉玛丽亚病危想起一半是他残忍的使性之过，以致因悔恨的痛苦而想自杀。"可怜虫，"她想，"是啊，要是他相信她由他而死，他的苦恼定然难于忍受。"

这时候，洛朗斯在王家书院陈列一幅表现《失乐园》的画，正是西邓斯夫人最爱的那一幕，"撒旦在火海旁边召唤妖兵鬼将"。最高明的批评家描写这件作品时说："一个糖果师在火焰融融的糖渣中跳舞。"他们并不像西邓斯夫人般把洛朗斯当真；画中的鲁西弗①实在倒像悭勃尔家的人，像约翰，像西邓斯夫人，像莎丽，像玛丽亚。画家的脑中显然充满了这一个家庭的类型。

他动身往克利夫顿去，住在旅馆里写信给潘尼顿夫人，信中充塞着激烈的情绪。他请求她向那可敬可爱的完满的人儿莎丽传一个信；他请求她监视莎丽勿使她对垂死的玛丽亚发什么庄严的诺言："如果你是慷慨的，能够体贴别人的话（你也应当如此，因为有其才必有其德），你不但能原谅我，且能答应我的要求而帮助我。"

潘尼顿夫人最爱人家赞她的才能；于是她应允去见洛朗斯。

八

一个人觉得自己做了英雄的时候总有一种极大的快感，而人家给他做英雄的机会尤其是甘美无比的乐趣。潘尼顿夫人赴洛朗斯的约会之前，心里已预备把莎丽做牺牲品了，她在迫近这场以别人的幸福为代价的战斗时，觉得兴奋非常。

洛朗斯如演剧一般开始谈话，如疯子一样地挥舞手足，大声讲话，他说如果不让他见到莎丽，他要死在门口。

——先生，潘尼顿夫人冷冷地说，我见过比你演得更好的喜剧；假使你要获得我的友谊，假使你要我在不损害我朋友的两个女儿的范围以内帮你忙，那么你的行为当更有理性，更加镇静。

---

① 即撒旦。

——镇静！他合着双手，两眼望天地说，这是一个女子和我讲的话么？唯有男子，一个俗不可耐的男子，才能在涉及爱情的事务上讲什么理性。是的，夫人，我疯了；但这是很自然的疯癫啊！我怕两个都要一齐丧失，因为除了莎丽，我世界上最爱的人是玛丽亚。

——先生，潘尼顿夫人说，我在运用理性处理此种问题时，我一定显得非常男性非常庸俗，但我对于什么事情都惯有我自己的主意，这些恋爱与自杀的纠纷，我自会用我四十年的经验来评价。我很明白你理想中的女人应当是什么一种样子：天真的，怯弱的，在你面前发抖。但莎丽虽然那么女性那么温柔，究竟不是这般人物。我和她时常谈起这些事情，她卓越的明智与无比的柔情，即如我这样极少女性气息的人也不禁要感动怜爱以致下泪。你的手段糟透了，先生，莎丽不是一个可用强暴与威胁来征服的女子。

——你不觉得你忍心么，夫人？你和我说："镇静些吧；因为没有人比得上你将丧失的女子！你得有自主力，因为她有无穷的魅力！你为何这般骚乱，既然什么也不能打动她的心？你的手段坏透了，因为她不怕强暴！"实在，夫人，我并未考虑采取什么手段以保持她对我的情爱；她走了，我追来了，在没有见到她之前我决不离开此地的了。

——我觉得，亲爱的先生，只要你真正愿意，你尽有方法统治你的痴情。

洛朗斯叫着喊着，像有些孩子一样，时时从眼角里偷觑着，看看他的叫喊有没有发生影响。但他举目一望便更知走错了路子。

——亲爱的夫人,他说,我知道你是慈悲的:我是画家,惯于猜度人家的脸相;在你今天所扮的冷酷的面具之下,我窥见一副温柔的怜悯的眼睛。你看我怎样地爱莎丽,你得帮助我,帮助我们。

——是啊,潘尼顿夫人感动了说,你是一个魔术大师,洛朗斯先生,我坦白承认你把我猜透了。我一生受到多少悲惨的教训,使我不得不把热烈的天性压捺下去,但这些教训只医好了我的头脑,我的心依旧很年轻。我看到你这样烦恼,不能不想要安慰你。

说到这里,他们结了朋友。洛朗斯答应不见莎丽,即使离去克利夫顿;她也应允把经过情形随时报告他。

——玛丽亚对我怎样?他问。

——玛丽亚么?她有时说:"我对洛朗斯毫无恶念,我宽宥他。"

——莎丽还爱我么?这是我极想知道的。她悲哀之余对我又作何想?

——她说她胸中满是悲痛的责任心,现在的情景不容她想到将来。我们时常谈起你,有时是叫你听了高兴的称赞,有时是惋惜你的天才被你僻性所累。我所能告诉你的尽于此了。

她静默了一会又说:"现在的情形把你与莎丽阻隔了,即使将来亦荆棘满途,但并非不可斩除。且按捺你的热情吧,洛朗斯先生,要努力隐忍,要保持庄重。这样,或许有一天你能消受你所爱的完美的人儿。"

美好的人生

　　她给他的一线希望却藏有悲剧的因素。在将来，唯有玛丽亚的死才能促成这对情侣的结合。洛朗斯也想到这层，他想道："唉！真是可怕；但亦是无法避免的：莎丽将因之痛苦；我自己也将难过。但我会很快地忘记，一切都可解决。"

　　他安安分分地离开了克利夫顿。潘尼顿夫人觉得打了一次胜仗，从此讲起洛朗斯时便常带着怜悯的长辈的口吻。

　　她对洛朗斯暗示的变故，不幸真是无法避免了。玛丽亚咳嗽加剧，腿部浮肿；如白蜡一般的脸上，线条都变了。莎丽与潘尼顿夫人，竭力瞒着她，不给她知道病势的沉重。她们在垂死的病人周围维持着一种快乐的宽心的空气。莎丽为她唱着罕顿的名曲与英国的古调；潘尼顿夫人念书给她听；两个人莫名其妙地觉得非常幸福，享受着一种脆弱的暂时的可是十分纯粹的快乐。玛丽亚也很清明恬静。她的忧惧好似已经消灭。当她偶然与姊姊谈起洛朗斯时，总称为"我们共同的敌人"。她对于音乐始终不觉厌倦。

　　光阴荏苒，白昼渐短：秋风在烟突里凄凉地呼啸，壁炉也开始生了火；大块的白云在窗前飘过。她觉得更沉重了。莎丽与潘尼顿夫人眼看她最后的美姿在无形的巨灵手掌下消失了，她常常揽镜自照。一天，她长久地注视了一会，说："我愿母亲到这里来。对她凝神瞩视是我一生最大的快乐，而这种幸福我是享不多久的了。"西邓斯夫人得了消息，立刻停止演剧，赶到克利夫顿。

　　她来到时，玛丽亚已不能饮食不能睡眠了。她的母亲陪了她两天两晚。西邓斯夫人美丽的面貌，即在剧烈的痛苦之中亦保持着极端的宁静，玛丽亚一见之下便觉减少了许多痛楚。第三晚的半夜里，西邓斯夫人困惫极了随便在床上躺着。到清早四时左右，玛丽亚突然骚乱不堪，要陪在身旁的潘尼顿夫人去请医生。医生来了，逗留了一小时光景。他走后，玛丽亚和潘夫人说她此刻已明白真实的病情，求她什么都不要隐瞒了。潘夫人承认医生确已绝望。玛丽亚温柔地谢了她的坦白，并且果敢地说："我觉得好多了，尤其是安静多了。"

她接着讲她的希望与恐惧，"我的恐惧是由于过度的虚荣心使我当初太重视自己的美貌。"但她又说她预期上帝的宽恕，她肉体所受的磨难（说到此地，她望望她纤弱可怜的手）也足以补赎她的罪行了吧。

随后她要求见她的姊姊。玛丽亚告诉她，说她如何眷恋她，如何爱她的善心，说她在此临死的辰光，唯一的牵挂是莎丽的幸福问题："答应我，莎丽，永远不嫁洛朗斯；我一想到这个便受不了。"

——亲爱的玛丽亚，莎丽说，不要想那些使你激动的事情。

——不，不，玛丽亚坚持着说，这一点也不使我激动，但必须把这件事情说妥了我才能得到永恒的安息。

莎丽内心争战了很久，终于绝望地说道："喔！这是不可能的！"

莎丽的意思是答应玛丽亚的请求是不可能的，但玛丽亚以为说嫁给洛朗斯是不可能的，于是她说："我很幸福，我完全满意了。"

这时候，西邓斯夫人进来了。玛丽亚和她说，她已准备就

死，并且以令人敬佩的口吻谈着她迫在眉睫的生命的转换。她问是否确知她还有多少时间的生命。她反复不已地说："几点钟死？几点钟死？"随后她镇定了一下又说："也许应当听诸天命，不该如此焦灼的。"

她表示要听临终的祈祷。西邓斯夫人拿起《圣经》，缓缓地虔诚地读着祷文，每个字音都念得清楚，潘尼顿夫人虽很激动，也不禁叹赏这祷词的音调有一种超人的庄严。

玛丽亚留神谛听着，祷告完了，她说："母亲，那个男人和你说把我的信札全部毁掉了，但我不信他的说话，我求你去要回来。"她接着又说："莎丽刚才答应我，说她永远，永远不嫁他的了，是不是，莎丽？"

莎丽跪在床边哭泣，说："我没有答应，亲爱的人儿，但既然你一定要，我答应便是。"

于是，玛丽亚十分庄严地说："谢谢，莎丽，亲爱的母亲，潘尼顿夫人，请你们做证。莎丽，把你的手给我。你发誓永不嫁他？母亲，潘尼顿夫人，把你们的手放在她的手里……你们懂得么？请你们做证……莎丽，愿你把这句诺言视作神圣的……神圣的……"

她停了一下，呼了一口气，又说："愿你们纪念我，上帝祝福你们！"

于是，她从病倒以来久已不见的恬静的美艳，在她脸上重新显现了。她一直支撑了几小时，至此才又倒在枕上。她的母亲说："亲爱的儿啊，此刻你脸上的表情竟有天仙的气息。"

玛丽亚微笑了，望望莎丽与潘尼顿夫人，看到她们都作如是想时，显得十分幸福。她命人把仆役一齐唤到床前，谢了他们的服侍与关切，请他们不要把她病中的烦躁与苛求放在心上。一小时以后，她死了；苍白的口唇中间浮着一副轻倩平静的笑容。

九

玛丽亚死后翌日，风息了。光明的太阳把一切照得灿烂夺目，显出欢欣的样子。莎丽觉得她妹妹轻飘纯洁的灵魂使这晴朗的秋日缓和了。死时的形象老是在她脑中盘旋不散。强迫允诺的誓言，她觉得不难遵守。世界上除了这段辛甜交集的回忆以外，什么也不存在了。她的身体困顿已极；一场剧烈的气喘症发作了；她的母亲奋不顾身地看护着她。

西邓斯夫人的痛苦是庄严的，单纯的，沉默的。守夜的劳苦，流泪的悲辛，丝毫不减她脸上清明的神采。她处理日常家务时依旧很细心很镇静。不深知她的人，看她当着这种患难而仍如此安详，大为怪异，因为她在舞台上是比任何人都更能为了幻想的苦难而痛苦啊。

她衷心的烦虑是要知道洛朗斯对于这个永远绝望的消息如何对付。她请求潘尼顿夫人写信给他，把玛丽亚弥留时的情景以及强迫要求而已答应了的诺言告诉他，请他忘记一切。她想这段悲怆的叙述足以使他取一种宽宏的态度。

潘尼顿夫人接受这可悲的使命时，感到一种阴沉的快意。征服一个反叛的天使而使之屈服是她一生最光荣的史迹；她施展出她伟大的艺术，草成一封坚决的信。她很有把握地寄出了。

两天之后，她收到下面一封短简，潦草的字迹有如疯人的手笔：

"我的手在抖战，我的心可并不摇动；我想尽方法要得到她，你想她能够逃出我的掌握么？我老实告诉你，她或许会逃脱我，但将来的结局，哼，等着看吧。

"你们大家串的好戏！

"如果你把结构如是巧妙的情景讲给一个活人听，我将恨你入骨！"

潘尼顿夫人读了好几遍才懂得"你们大家串的好戏"这一句。但他究竟是什么意思呢？是说三个女子幻想出这段许愿的故事来摆脱他么？他竟相信有这样的阴谋诡计么？"你们大家串的好戏！"这句子决没有其他的意义可寻……潘尼顿夫人愈想愈气了。在这种时光，他对于他严重地伤害了的女子，也许竟是他送了性命的女子，毫无半句怜惜的话，岂非和魔鬼一样？"我将恨你入骨……"这种恐吓又有什么用意？他竟想到她家里来袭击她么？她尤其痛心的是，她流着泪写成的那封美妙的信竟博得这样犷野暴怒的回礼。这一天晚上，她对洛朗斯大为怀恨，而这愤恨对于洛朗斯并非毫无影响，将来我们可以看到。

她先把这通短简寄给西邓斯夫人，嘱咐她谨慎防范。应得通知西邓斯先生，约翰·悭勃尔，和家庭中所有的男人，因为只有男子才有制服一个疯人的力量。莎丽也不应该单独出门了；一个阴狠的男人是什么也阻拦不住的，更不知他究竟会闹到什么地步。

西邓斯夫人接到这封信时不禁微笑。她的判断局势比较更镇静更优容。莎丽对于这种为了爱她之故所激起的狂妄,也不加深责。"当然他不应写这封激烈的信,对于可怜的玛丽亚的死一点不表哀伤,尤其不该;但他是在如醉如狂的时间内写的!只要我想起我当初发誓时的情绪,便可想象出他得悉这诺言时的感想。在我一生任何别的时间,我决不能许下这种愿。"她写信给潘尼顿夫人陈述她的意见,回信却有些恼怒的口气:"发疯么?绝对不是。只要一个人能够执笔写字,他是很明白自己的作为的。"

莎丽和母亲细细商量之下,都认为潘尼顿夫人所劝告的预防方法大半是不必要的。为何要通知那么冷酷的西邓斯先生和那么夸张的悭勃尔舅舅?他们的干预只会增加纠纷。西邓斯夫人似乎也想对洛朗斯加以抚慰。"或者,"她说,"应当告诉他说你永远不嫁别人?"但莎丽表示不愿。

可怜她对于自己真正的心情丝毫不能置疑。虽然洛朗斯缺点那么多,那么轻率,她究竟温柔地爱着他,要是她不受庄严的誓言约束,她定将回心转意地就他。"可是放心吧,"她和母亲说,"我认为这个诺言是神圣的,我将遵守;即使我有时不能统治我的情操(没有人能约束自己的情操,但总能负责自己的行为),我至少能够忠于我的诺言。"

说过之后,她知道这些言语更增加了诺言对她的束缚力;她后悔了。"我说些什么呢?为什么要说呢?为什么我要自己

罗织我的苦难！"但她禁不住自己；她有时觉得自己是两个人，一个是有意志的，在说话的；一个是有欲望的，向前者抗争的；她自身中较优的部分强迫较次的部分接受那些坚决而残酷的主意。但两者之间究竟是哪个高明呢？

洛朗斯写了一封很有理性的信给她，他明白强项是无用的。她的复信很坚决，但并不严厉。"他的罪过是只因为爱我太甚。这一次，他怎么不再变心了呢！""无论如何，这颗变化不定的心终究被我抓住了！"想到这里，她非常安慰。但她追忆到玛丽亚幸福的温和的目光时便觉得自己的责任绝对不容怀疑。

有一天，她走向窗前，突然发现洛朗斯站在对面的阶沿上仰望着她的卧室。她赶快后退，直到他望不到的地位。这时候，西邓斯夫人在隔室清理抽斗，叫莎丽过去，给她看一件从前玛丽亚的衣衫。那是一件从法国行过来的希腊式的白衣。母女俩都想起当初穿过这件薄薄的衣服的魅人的肉体。她们互相拥抱。西邓斯夫人哼起她扮演康斯丹斯（Constance）角色时的两句美妙的诗：

  一片凄凉充塞了我亡儿的卧房。
  人面桃花，空留下美丽的衣衫使我哀伤……
  莎丽回到卧室时，远远地向街上一瞥，洛朗斯已经不见了。

十

几个月中间，洛朗斯想法要接近莎丽，有时写信给她，有时托朋友传递消息。她始终拒绝与他见面。"不,"她说,"我觉得我不能冷酷地接待他,但又不愿用别种态度对他。"但她不住地想他,想象他们以往的长谈,他诉说的爱情、他的绝望、他的永矢不渝的忠诚!她可以这样地整天幻想,眼望着落叶飘摇,薄云浮动。她觉得这是一种完满的幸福。

洛朗斯恳切的追求,不似以前频数了。时光的流逝,回复了单纯平静的状态。玛丽亚的形象依旧在脑中隐约动荡,圣洁的,缥缈的,在种种的思念与事物之间若隐若现。西邓斯夫人演着新角色。她在《一报还一报》《Measure for Measure》一剧中扮的伊撒白拉,公认为幽娴贞静,深切动人;她穿的黑白色的戏装,为全伦敦的妇女仿效。莎丽常去观剧,到几个女友家里走动走动。她不懂得在那么惨痛的事变之后的生活为何还能如是平静地继续下去。但她听到洛朗斯与玛丽亚的名字时便觉难过,倘在路上碰见一个类似洛朗斯般的人影时又不禁全身抖战。她心中是又想见他又怕见他。

到了春天,洛朗斯完全不来追逐她了。她惆怅不堪。

——你幸福么?母亲问她。

——和你一起我总是幸福的。她回答。

但她心中满是无穷的遗憾。

在患难中始终不渝的勇气,到了这消沉的情景中突然涣散了。发誓的那幕景象纠缠着她无法摆脱。她常常看到自己跪在床前握着那只惨白瘦削的手。"可怜的玛丽亚,"她想道,"她实在不该向我作这要求。她这举动是否为了我的幸福?其中有没有对我嫉妒对他怀恨的意思！"她回来回去地想着，觉得万分懊恼，她素来娇弱的身体折磨得更其衰败了。屡次发作的咳呛与窒息症把她的母亲骇坏了。

她的恋爱史此刻已被几个知友得悉了。洛朗斯毫无顾忌地到处诉说，泄露了这件秘密。许多朋友看她那么苦恼，都劝她不必过于重视那强迫的诺言。她有时也被这些说话打动了。她想她的一生，唯一的短短的一生，势必为了一句话而牺牲掉。她的妹妹，既经摆脱了一切肉体的羁绊，怎么还会妒忌呢？口头的约言会令人想起对方的存在与对方的要求。但若玛丽亚可爱的影子果真于冥冥之中在他们身旁徘徊的话，她除了祝祷她所爱的人幸福而外，还能有什么别的希求呢？

虽然她觉得这种推理难以驳斥，她仍有一种强烈的难以言喻的情操，以为她的责任是应当否认一切理由而遵守诺言。

有一天，她决意写信给潘尼顿夫人征询她的意见，因为她是誓约的证人与监视者。"她对于这一切将如何说法呢？"啊！莎丽真祝祷她的答复会鼓励她私心的愿望！

但潘尼顿夫人毫无哀怜的心肠。他人的责任，因为在我们眼里毫不受着情欲的障蔽，故差不多永远是明白确切无可置疑的。

"我们切勿误解善与恶的实在性，"她写道，"既然莎丽对她妹妹所发的诺言是自愿的，自应与生人之间的誓约有同等的束缚力。只要不是手枪摆在喉头，决无所谓强迫的诺言。她妹子的请求，固然攸关她一生的命运，但莎丽尽可保持缄默，或竟加以拒绝。那时对于玛丽亚，即使烦恼亦不过是数小时的事。当莎丽给她满意的答复时,当然是出之自愿的。在真理上道义上,她应当忍受一切后果。而且她也极应感谢她的妹子,因为她一定由于神明的启示把莎丽从必不可免的祸变中拯救了出来。在玛丽亚已经从一切人类弱点中超拔升华出来的时候,为何还要把她这个请求认为出之于怯弱与卑下的愤恨之情呢?据我看来,这倒是她最后几小时灵光普照的表现。"

于是莎丽表示隐忍了。但若洛朗斯这时候再来趋就她,或在两人偶尔相遇,或者他能对她说几句热烈的话,她仍会情不自禁地依从他的。然而洛朗斯竟不回头。外面传说他快要结婚了,后来又说他倾倒于当时的交际花,琪宁斯小姐。

莎丽颇想见一见这个女子,有天晚上人家在戏院里指点她见到了。她的脸相很端正体面,显得相当愚蠢。洛朗斯走来坐在她身旁,颇有兴奋与快乐的神气。莎丽一见到他们便如触电般震动了,不知不觉脸红起来。走出戏院时,在走廊里遇见了她以前的未婚夫,他向她微微点首行礼,很规矩很冷淡,她立刻懂得他已不爱她了。至此为止,她一向希望他虽然对她断念,但仍保持着一种尊敬的、热情的叹赏态度。这一次的相见,使她不敢再存这种奢望了。

从此她完全变了样子,表面上相当快乐,一心沉溺着浮华的享乐,但只是一天一天地憔悴下去。她不愿歌唱了,她说:"我以前只为两个人歌唱。一个已经死了,一个把我忘了。"

韶光容易,又到秋天。西风在烟突里呼啸,令人想起玛丽亚弥留时柔和的呻吟。绚烂的太阳尽自继续它光明的途程。

西邓斯夫人瞒着莎丽已和洛朗斯回复了正常的交际。她需用一种惯由洛朗斯供给的洋红，她托人向他索取，他竟亲自送了来。一见之下，他们立刻用往年的口吻谈话。画家请女演员去看他的近作；她也和他谈论剧中人物。华年已逝，忧患频仍，但她秀色依然，娇艳如旧，更使洛朗斯惊叹不已。

十一

大家久已相信法国将侵略英国。剧院里的观众，在休息时间都想着蒲洛湟（Boulogne）①海港正在编造木筏的消息，西邓斯夫人的号召力依然不减。但一般识者认为她的艺术未免失之机械。她的技巧已纯熟到危险的地步，一个大艺术家末了往往会无意之间模仿自己造就的定型。她表现热情的动作时，颇有过于机巧的成分，令人于叹服之余觉得吃惊。她自己对于轻易获得的完满，有时也不免厌倦。

莎丽二十七岁了，女子在这个年龄上应当明白想一想做老处女的滋味。她想到这层，可并不苦恼。"第一，"她说，"我老是生病，一定活不长久的了……但谁知道？也许到了四十岁会觉得生命太空虚而做出什么蠢事来？"这种痴心妄念使她很有耐心。实在她老是忠于挑逗过她心魂的唯一的爱情。世界上有一等人物把爱情看得那么美满，所以既想不到爱情会有终了，也不能想再来一次恋爱：莎丽便是这样的女子。她没

---

① 法国海口。

有丝毫怅惘的神色，交际场中大家都欢迎她，她也装作一个快活可爱的人。她很能原谅别人的弱点，尤其是爱情方面的弱点她更能宽容。她和好几个青年保持着温存的友谊，只要她不发剧烈的气喘症，她毫无可怜的样子。

一八〇二年英法媾和之后，一切交通要道都开放了，社会生活也回复了常态。西邓斯先生定要他的妻到爱尔兰各地去表演一年。他管着家庭的账目，知道开支浩大；伦敦的戏院经理出不起高价。西邓斯夫人虽然受不了久别家人的痛苦，但也懂得这次的牺牲是免不了的。

好几个月内，在杜白林、高克、倍尔法斯诸城，西邓斯夫人所演的"玛克倍斯夫人""康斯丹斯""伊撒白拉"大受群众欢迎。伦敦特罗·莱恩剧院早已熟习的印象，在这般初次见到的新观客眼里特别显得自然而悲壮。到处是热烈的喝彩声，收入也很可观。莎丽定期有信来，语气很快活，很中正和平。她在信中谈论戏剧、社交、她的服装，等等。她表面上装得非常轻佻虚浮，其实她的身体与精神已是极端衰弱。她有时竟发现有些病象正似她妹子死前数月中的症候。她常常想到死，毫无恐惧亦毫无遗憾。"死，无异睡眠，如此而已……"生，于她久已成为一场空虚的幻梦。她慢慢地遁入幽灵的静谧的世界。

她的父亲眼见她日渐萎顿，迟疑着不敢通知他的妻。到了一八〇三年三月医生认为病势岌危的时候，他写信给和西邓斯夫人同行的一个女伴，但还嘱咐她暂时隐瞒。这位朋友隐藏不了心中的不安，把信给西邓斯夫人看了。她立刻解除契约准备回去照顾女儿。

她想上船时，爱尔兰海中正闹着大风浪，几天之内无法渡过。满城受着狂风暴雨的吹打。西邓斯夫人出了二倍三倍的高价，亦没有一个船主肯冒大险。在无法可想的等待期间，她继续公演；她一日之中唯有在戏院里的辰光才能忘怀一切。"这时候不知怎样了，"她想，"莎丽在我动身时还算健旺；她一定支撑得住吧……但人的生命是多脆弱啊！"

　　她祈祷了数小时之久，哀求上帝至少把她最爱的一个女儿留给她。玛丽亚死时的景象，一一在她脑中映现；她也想象莎丽独个子呼唤母亲的情况。天际迅速地飞过的黑云，令她回想起克利夫顿最后几天的经过。晚上，每幕完了时的喝彩声，于她不啻一场聊以自慰的梦的终局，不啻回向惨痛的现实的开始。等待了一周之后，她终究渡过了海，乘着邮舆向伦敦进发。在第一站上，她接到西邓斯先生的通知说，女儿已经死了。

　　她沉默着不作一声，心胆俱碎，胸中忍着最剧烈的悲痛，连朋友们慰藉的话也无从置答。她的亡儿占据了她全部的思想，但她表面上的镇静或许会使人误会她冷酷无情；想到这里她更难堪了。可是一种无可克制的矜持，使她除了日常琐细的话以外什么也不能倾诉。

　　不久，她出人不意地说要重新登台，命人把《约翰王》①的节目公布出去。到了那天，她上戏院去，穿装的时候默无一言。

---

　　① 《约翰王》为莎翁名剧，叙英王约翰故事。王为亨利二世第四子，在位时期为1199至1216年。即位前篡杀侄Arthur de Bretagne大公。剧中之康斯丹斯Constance即大公之母，故有哭亡儿之词。本篇第九段末已有引用。

凡是那晚见到康斯丹斯哭亡儿亚塞（Arthur）的人都保留着永难磨灭的印象。他们不但重复发现了西邓斯夫人最高的艺术，并且承认她的天才达到了顶点。闻名一世的女演员的动作显得那么庄严沉着，仿佛在她后面随有整个送葬的行列。当她演到老后哭诉的那一段时，她觉得在莎丽死后她终竟把她慈母的爱情，把她终生的恨事，把她悲怆的绝望，尽情倾诉了出来：

我不是疯子！上天可以知道！
否则我将忘掉我自己，
忘掉我自己，同时亦可忘掉何等的悲伤！
如果我是疯子，我将忘掉我的孩子……

终于她的痛苦宣泄了，诗人的灵魂抉发了她的创伤，文辞的节奏牵引出她的悲苦，戏剧的美点固定了她的痛楚。遏止太久的眼泪流下了，温暖的水珠在脸上滚着，在她眼里，整个剧场好似蒙了一层光明浮动的薄雾。她忘记了周围的群众与演员。世界无异一阕痛苦的交响乐，她自己的声音统治着一切，好似如泣如诉的提琴，好似热情奔放的呼号；也有如牧笛冗长地独奏着挽歌，连乐队悲壮洪亮的声音也无法掩抑它的哀吟。在女优的心魂深处，亦有一具乐器远远地用着细长的几乎是欢乐的音调，反复不已地唱着："我从没有这般崇高。"

邦贝依之末日

本篇所引信札，皆系真实文件。译自李顿爵士著：
The Life of Edward Bulwer, First Lord Lytton.

——作者

一八〇七年，皮尔卫将军暴病死了，遗下一妻三子。寡妇和孩子们住到伦敦去，自称为皮尔卫-李顿夫人。李顿是她母家的姓氏，在十五世纪鲍斯惠斯（Bosworth，现译博斯沃思）战役中出过名。现在她是这一族的唯一的后裔，故她觉得母家与夫家的姓氏同样可以夸耀。

皮尔卫族偕同威廉一世来英，一向占有封赠的田地，传到将军，是一个想念着这封地的人，以一生的光阴，去扩展这些田地。李顿族也是阀阅世家，在克纳华斯（Knebworth）地方拥有大宗田产。迄十七世纪为止，皮尔卫族老是保存着古老的家风，世代都当军人，李顿族的最后一人，皮尔卫夫人之父，却是一个博学之士，为当时最优秀的拉丁文学家。他给女儿授了根基深厚的教育，把她嫁给皮尔卫将军，那是一个颇有野心的军人，患着痛风症，使妻子时常受惊，又把岳母逐出他的家庭。

将军之死，使他的寡妻得以回到李顿族，袭用母家的姓，这原是她私心祝祷的愿望。两个年长的儿子送到学校里去了；年幼的一个名叫爱德华，最为母亲钟爱，她教养他，慢慢地把自己的嗜好感染给他。他喜欢听她读高斯密斯或葛莱的诗：她念得真动听，悲壮的声调中含着伟大的情绪。爱德华七岁时，就在外祖父的书室中摸索，凡他所能找到的书籍，都可随意翻阅。有一天，他沉默了好久，突然问母亲道："妈妈，你有时会不会感到'物我同一'（identité）的境界？"她用着不安的目光答道："爱德华，你到了入学的时候了。"

他在学校里是一个出色的学生，十五岁时已能写作，充满着热情与幻想，有如少年时代的但丁一样。"我要恋爱，我寻求对象，不拘是谁。"爱德华寄宿在一个叫作伊灵的乡村上。村中有一条小溪，他每天去洗澡，洗罢便坐在岸旁出神。他时常看见一个面貌温和的女郎在那边走过。他不敢和她说话，但遇到几次以后，她微笑，而且脸红了。她住在一间草屋里，父亲是个放浪的赌鬼，往往离家数星期地不回来。热心尚侠的皮尔卫，看到这么娇艳的容颜与这么可怜的遭遇动了心。"我不能形容我们的爱，这和大人们的爱情不同。那么热烈，又是那么纯洁，心中从没有过什么恶念……可和这狂热的温情相比的情绪，我从未感到且亦永不会感到。"

每晚，爱德华买些果子和女郎坐在溪边的树下同吃。在这些约会上，他总先到。等待的时间，他心跳得厉害。她一到，他便平静了。"她的声音使我感到一种甘美的恬静。"一天，她忽然不来了，以后几天也不见她的踪迹。他到草屋去寻访，里面阒无一人。管门的老妇说父女俩都走了，不知何往。

这场小小的悲剧使皮尔卫的性格大变。他从热情变成悲哀，他喜欢孤独，喜欢森林，懂得拜伦。他在剧烈的痛苦之中感到愉快与骄傲，仿佛唯有他方能有此痛苦。在剑桥大学念书时，他动手写了一本维特式的小说。随后他亦如常人一般由绝望而放荡了。一八二五年，在二十二岁上到巴黎，皮尔卫受到一切世家的优遇，有着可爱的情妇，替朋友们当决斗中的陪陪，自然而然地由多愁善感的情种一变为花花公子。如果没有写作的野心，他很可能纵情声色，流连忘返。然而他这种豪华的生活为他供给了第二部小说的材料。在这部书中，他想描写一个后期拜伦式（post-byronien）的英国青年，和曼弗雷特①成为对称式的人物，是勇敢而又傲慢、狂妄而又机智、令人不耐而又善于惑人的角色。

皮尔卫夫人从朋友的通信中得悉儿子在巴黎的声誉，很是满意。她承认他确有李顿族的气息，相信他将来在文学方面能有造就，她又想他回国后定将缔结一头美满的亲事。爱德华知道母亲的计划以后微微有些恐慌，在写给一个女友的信中说道："我少

---

① 系拜伦名著之名，亦诗中主人翁之名。

不了慈母的照料，我也报答不尽她的恩惠，故我决不能不得她同意而结婚使她难堪。但我至少还有权否决，将来我可运用这项权利。爱，我要说的是精神的而非感官的爱，在我心中早已死灭了。开发得太早的情窦会很快地萎谢的；怎么还能复活呢？正如一个被火灼伤过的孩子那样，对于曾经伤害我们的火焰，我们始终是避之唯恐不及的了。"一八二六年四月杪，他回到英国时便抱着这种坚决的存心。他先乘马到加莱，再行渡海，这种行径与他的身份正好相配。

他傍晚到达伦敦，立刻往见母亲。她正预备赴茶会，便邀儿子同行。他已很疲乏，但看到她一团高兴地要把他献到人前去，也就应允了。他们到达时，一个青年女郎也同时进门。爱德华没有留意，他的母亲却指着她说："爱德华，瞧！何等娇艳的容颜！"他转首一望，不觉怔住了，即刻向母亲探问她的来历。

他得悉这个美丽的少女名叫洛茜娜·斐娄，是约翰·陶里爵士的侄女。爵士在美国独立战争中当过将军，后来和法国在埃及打过仗，在指挥骆驼队攻占亚历山大一役中享了大名。退伍之后，他先当威尔斯亲王的私人秘书，继而被任为葛纳西总督。这是一个可敬的老军人。他的侄女在伦敦便住在他家里。她和自己的父亲是不见面的，他们另有一段悲惨的历史。

她的父亲名叫法朗昔斯·斐娄，在十七岁上娶了一个小他三岁的女子。危险的婚姻，结局是生了六个孩子之后分离了。母亲带着孩子住在法国加恩地方，她的家成了一般社会主义者及自由思想家聚会之所，这些人物过着相当放纵的生活，谈论亦充满着革命意味。洛茜娜极年轻时已颇有思想颇有主意，她对于自己所处的社会老是感到不满，她要过一种心里向往但不知究是怎样的生活，于是她离开了家庭。

这次离家的目的，据她说是要寻访父亲，但当她在爱尔兰旅途中见到他时，却大失所望地说，"你不觉得爸爸俗不可耐么？哦，你瞧他的羊毛袜子！"可怜的父亲，又畏怯又笨拙，看见女儿生得如此俊美，非常得意，但无法劝她与他同住。洛茜娜在爱尔兰友人家中住了好些日子，遇见姑丈陶里将军，觉得很投机，便随从了他。

皮尔卫母子遇到她的时候，她在伦敦已经住了四年，出入于交际场中，受着名流的宠爱，拜伦以前的密友迦洛丽·兰勃夫人，对她尤其亲昵。洛茜娜写些轻佻的诗，善于嘲弄，最会模仿人家可笑的举动，但因少不更事，常易令人难堪，故人家又是爱她又是怕她。这天晚上，她正在客厅的一隅取笑皮尔卫夫人的头巾，因为使她联想到菜市中堆得老高的杨梅篮；而老夫人的动作亦颇像镀金的木偶。至于那个刚从法国回来的儿子，垂着金黄的鬈发，在她看来未免有些妇人气派，但的确是一个美男子，雍容高贵，尤其难得。原来洛茜娜小姐最重视男子高雅的风度。

皮尔卫夫人在茶会将散之前，邀请这位美貌的少女常到她家走动。爱德华从此便时时遇到她，一起谈论他们的诗文小说，谈论他们的计划，互相通信，在许多友人家中会面，不久，在社会上已被认为一对未婚夫妇了。在舞会中，只要有诙谐滑稽的斐娄小姐在场，定可看到那个举止高傲的少年追随着她，他和她交谈时老是卑恭地说些谀扬称颂的话。

夏天，爱德华·皮尔卫住在母亲家里，迦洛丽·兰勃夫人也邀请洛茜娜到她家里做伴。兰勃夫人和皮尔卫夫人同住在克纳华斯，且是近邻。皮尔卫夫人眼见两人的交谊日渐亲密，很觉烦恼，尤其因为这种交谊是她为母的鼓励起来之故，心中愈加懊丧。"爱德华，瞧！何等娇艳的容颜！"一切都是这句傻话惹出来的。现在，爱德华对于这个女子简直像发了疯一样。但皮尔卫夫人不赞成这件婚姻；那个小妮子没有钱，没有出身，被一般强盗般的人教养长成的，从各方面看都配不上一个皮尔卫-李顿的双料贵族。她可亦并不如何着急：这桩婚事一定不会成功，因为爱德华完全要依赖她的；将军的遗产当然应归长子，次子还有若干田地，但爱德华的全部产业，只有他母亲的津贴，至于外家李顿族的家私，不消说更是在她一人掌握之中了。

八月杪，爱德华·皮尔卫在森林中和洛茜娜·斐娄作了一次温柔的密谈之后，决意给她写第一封情书。"我对你的情愫已经感到了几年。或者我应当把我的心捺按下去……如果我冷静的思虑不被昨天一时的冲动打消，我或者还能隐藏我的情操，把你忘怀。但我已触及你的肌肤，我觉得你的手在我的手里，我便觉得世界上只有一个你了。所谓理智，所谓决心，所谓思虑，在一刹那的热情奔放之前，都成无用。在这种情形之下，我才不得不对你披沥肝胆。虽然你那样的和蔼可亲，可是我的情意，似乎你还没有同意呢……啊！上帝！我真想消灭这个可怕的印象！我能有什么希冀呢？像你这样的头脑与心灵是不能轻易折服的，而我也

267

未曾让时间来酝酿一切。我已说过：我对你倾倒；此刻我可再说一遍。请你考察一下你的情操，告诉我可有何种企望。"

洛茜娜以慎思明辨的态度回答他说，他是前程远大的青年，万一她对他有何妨害的话，他母子俩定有一天要怀恨她，而这也并非无理。"恨你？洛茜娜！此刻我眼中噙着泪，听到我的心在跳。我停笔，亲吻留有你的手泽的信纸。这样热烈的爱情能变成憎恨么？……你所说的美满的前程，如果没有你的热情为之增色，亦只是毫无乐趣的生涯而已……你的宽宏直感动了我的心魂；请相信我，在无论何种的人生场合，也不论你我通信的结果若何，我将永为你最忠实的朋友。"

他随后写信给母亲，报告他和洛茜娜的交情，说明他们亲密的程度，他们的通信，他们的计划。皮尔卫夫人的复信却含有严重的警告意味。洛茜娜为何要离开她的母亲呢？

——因为父亲死了要去奔丧。

可是父亲逝世的日子与她逃亡的日子并不相符，真是奇怪的事情。且有人能知道她如何生活么？她说住在姑丈陶里爵士家，可是真的么？外人只见她在伦敦周旋于达官贵人之间，夏天住在兰勃夫人那里；她对于自己的境遇会随机应变地信口胡诌。而且她不知天伦为何物；新近死了一个姊姊也不戴孝。

"你弄错了，她确是住在姑丈家里。你说她没有为她亡姊戴孝，但她确是戴着……我愿，亲爱的母亲，我愿你放弃你的偏见，以公正的态度对待一个我相信是光明磊落的人。"

但皮尔卫夫人愈考察这个未来的媳妇，愈觉得放心不下，她知道自己曾经受她嘲弄，她怕她这种爱取笑的脾气；她更怕她受过兰勃夫人熏陶的佻 的道德观念；而她引为痛心疾首的，尤在于这个来历不明的爱尔兰女子不配匹偶一个姓皮尔卫兼李顿的人。这并非说皮尔卫夫人是如何势利。她不一定要她的媳妇有如何高贵的出身，但她希望是一个家有恒产、家声清白、家庭和睦的女子。她很懂得这样如花似玉的美人会感动一个青年男子。这是人情之常。但要结婚！那才是发疯。假使爱德华不放弃他的计划，她将停止维持他的生活。没有她，他怎么能养妻育子？

"我刚才接到母亲的复信。喔！洛士，那样的信！你的眼力着实不错，我以为母亲对我怀有毫无虚荣心理的慈爱，至少也关怀我的幸福，哪知我完全想错了……"

由此可见洛茜娜对于皮尔卫夫人的判断，和皮尔卫夫人对于洛茜娜的判断，一样缺乏好意……

斐娄小姐，因被人认作陷诱青年的轻薄女子而表示愤慨，亦是当然的事。且皮尔卫夫人在婚姻上亦过于重视她的儿子了。爱德华·皮尔卫究竟算得什么呢？一个美男子，很聪明，或者有大作家的希望，但这些预约是否定会实现？说他阀阅世家么？说他富有风趣，人才出众么？是的，但亦不过如其他崇拜斐娄小姐的男子一样而已；且亦不可忘记斐娄小姐是伦敦最美的女子之一，生活也还优裕，她的姑丈陶里爵士是将军，是世袭的侍从男爵，又是前任威尔斯亲王的秘书；她交游广阔，友人中亦不乏才智之士，要找一个比爱德华·皮尔卫更贵族更富有的丈夫，于她并非难事。那么她为何依恋皮尔卫呢？她真是对他难舍难分么？他很讨

她的欢喜，但讨她欢喜的男子正多哩；要不是他那样温柔地向她求告，要不是他那样地自怨自艾，要不是他说"经过了第一次爱的悲剧之后，第二次的打击势必把我的生命毁掉了"那类的话，她鉴于皮尔卫夫人坚决的反对，也许早已不想嫁他了。但或者正因为老夫人这种笨拙的阻挠，反而把洛茜娜挑拨得不肯罢休了。

皮尔卫自己，老实说也不大明白自己究有何种愿望。洛茜娜很美，颇有才智，他赏识她，对她有相当的欲望，很高兴听她说话，他幻想和她一起的生活将如登天一般的幸福，但也有些不放心的地方。他细细思量一番之后，觉得母亲的说话毕竟不错，洛茜娜所受的教育确很乖异。说她有许多危险的朋友亦是真的。他对于迦洛丽·兰勃认识太清楚了，他不能欢迎他的未婚妻和她来往。理智劝他往后退，情欲诱他向前冲；加以皮尔卫自命豪侠如中古的骑士一流，故他的情欲更加兴奋了。其实他这种豪侠的态度不过是一种文学情调而已。

皮尔卫夫人坚决的态度，终于迫使她的儿子准备与洛茜娜割断了。他写了一封奇怪的信，是情书式的决绝书；他丝毫勇气都没有，有许多言语因为他自己不敢对自己说，故教洛茜娜来对他讲："不要说我们中间一经分离便算完了。给我一线希望吧，给我多少鼓励吧，不论如何渺茫微弱，你亦将是我唯一的救主……在放弃一切希望之前，我求你再思索一回……但若我们真是非分离不可的话，要我来决绝你是不可能的，应得由你首先发难的了。你决绝我时也切勿过于温存婉转，使我心碎；如你不知怎样措辞，我可以教你……不要像以前那样地说我不必过于责己，不要说你也应该分担我的过错；但请说，既然我自己毫无天长地久的把握，我便永远不该作赚取爱情的尝试；但请说，我把你的爱情图我自私的快乐，以至破坏了你的幸福。你的这些责备，我都应受……啊，我唯一的，唯一的爱人，我此刻愈加爱你了。我这样地称呼你，难道便是最后一次了么？"

洛茜娜的答复很明白，她应允大家分手。

皮尔卫夫人似乎胜利了，但对于一个美丽的少女是不能长久战胜的。在爱德华方面，若是斐娄小姐不愿分离而苦苦牵住他，倒说不定要真的对她断念；无如她对于失恋的事情处之泰然毫无怨愤，这种出人意外的表示，却使爱德华大为兴奋，愈加眷恋她了。他到法国去旅行，在凡尔赛幽居了一晌，总是不能忘怀。

几个月之后，种种环境使他得有重新亲近她的机会。他心中原已后悔这次的分离，只是碍于颜面一时挽回不来；但支配人生感情的惯例，往往会令人借了痛苦的机会（例如疾病或丧事）去转圜已往的争执，因为在这等情势中的转圜是很自然的，没有屈服的感觉。皮尔卫得悉洛茜娜害了重病，回到伦敦去看她，表示非常恳切。大凡女人在身体衰弱的时候必更温柔，洛茜娜病愈起来，身心都觉愉快；加以旧欢重拾，愈加热情；于是她便委身了。从此，事情有了定局：爱德华答应娶她，不管他母亲同意与否。而且洛茜娜在定情之后，轻佻的心似乎有了着落，温存专一地爱着未婚夫。

爱德华在一八二六年最后数月中，完成了那部在剑桥大学时开始的小说，题名《福克兰特》（Falkland），由高朋书店出版；他获得极大的成功，卖到五百金镑的版权，书店立刻请他再写两部新著。皮尔卫夫人虽然是很严厉很在行的批评者，也认为这本小说写得出色，她的赞美使爱德华鼓起勇气想与她重提那头婚事，他极想把它及早办妥。

母亲却使用最后一着棋子来阻挠爱德华和洛茜娜的婚姻。她咬定斐娄小姐瞒着她的真实年龄；她自认比她的未婚夫长六个月，皮尔卫夫人说这六个月实在是三年。皮尔卫答应他的母亲，说如果洛茜娜在这一点上撒谎，他便不结婚。他们派了一个书吏到爱尔兰去调查她的年岁。结果是洛茜娜并未说谎。

于是皮尔卫夫人又咬定爱德华已非洛茜娜的第一个爱人。关于这个问题，大家可不知底细了。但洛茜娜已经二十七岁或二十四岁——如果一定要承认她二十四岁的话，一个这样年纪的少女，无人管束地住在伦敦，而要说她还是清白之身，究亦不大近情。这一次爱德华却生气了："你说我们定得相信斐娄小姐以前有过爱人，这实在是不公平；你这样说来，岂非要证明一个男子绝对不可以娶一个二十四岁的美丽女子么？当然这是不合理的，而且用'他可能如此如此'的成见去判断别人是最不应该的……婚姻所关涉的只有当事人，做父母的即使可以不赞同，可没有理由表示不满，这一点我想你也当承认，……你所能说的一切，只增加我的痛苦，我的决心可并不因之移动分毫。我已和你说过，除了斐娄小姐有什么不体面的事情以外，任是什么也不能使我解除婚约。十一个月以来，你用尽心思想证明她有所谓不体面的事迹，可是没有一项报告是真的，没有一件罪状是有实据的。你上次来信,又举发了一件我明知是虚妄的消息,说她曾和别个男子订婚。这一件,那一件,无论什么事情,只要你能证实,我便可毁约。否则请你不要再来麻烦我了。"这样之后,母子间的关系变得很冷淡。他在给洛茜娜的信中极力攻击他母亲所取的态度。但若洛茜娜也用同样的语句批评母亲时,爱德华便很严厉地责备她了。凡姓皮尔卫的人都有这种家族观念。

决定结婚以后,爱德华把自己的生活打算了一番。他预备在乡间租一所屋子,靠了文学工作的收入与夫妻俩仅有的小进款度日。他预备在三年中间写成两部大书。以后,等他著作的收入较丰、生活较为优裕的时候,他可以到外国去旅行三年,然后想法进国会当议员。他的前程既已有了这么准确的预算,只待择吉举行婚礼了。皮尔卫夫人终竟亦表示同意,但说她永远不愿见媳妇的面,不招待她,在金钱方面亦不愿有所补助,即使有也是微乎其微,等于没有。一八二七年八月二十九日在伦敦行过礼,新夫妇马上动身到牛津郡里的乡下,搬进新近租就的胡特各脱(Woodcot)宅子。

结婚那天的情景好不凄凉,在行礼时两人都觉得踏上了牺牲的路。爱德华想着来日的艰难,想着他不得不做的毫无乐趣的工作,若是顺从了母亲,结婚以后便可过舒服的日子。他想着洛茜娜的举止有些俗气,缺少机警,偶然还有些暴厉的言语。他想着母亲的预言:"如果你娶了这个女子,不到一年,你将成为全英国最不幸的男人。"但他回头望望这焕发的容光,望望这双明媚的爱尔兰眼睛,心里便想这个牺牲是值得的。洛茜娜,她,明知自己并未促成这件婚事,却是他来追求她的,苦苦哀求她的;她明知把自己的华年与美貌葬送入一个白眼相加的家庭里去了。那些可怕的皮尔卫-李顿的族人,会不会挑拨她年轻的丈夫与她作对?他是很懦弱的呢。她爱他,但瞻望来兹,不免寒心。

皮尔卫所租的胡特各脱的宅子,为一个小家庭住是显得太大了,但他的母亲愈苛刻愈不愿支持他俩的生活,他愈要使妻子住得阔气一些。他们立刻把屋子内外布置一新,雇用了许多仆役,度着优裕的生活。招待宾客是洛茜娜的擅长,爱德华的少年英俊,更使来往的人众啧啧称羡。

婚后第一年过得很好;皮尔卫毫无可以责备妻子的地方,母亲的预言似乎已被事实打消。洛茜娜专心一意地爱着丈夫,乡居生活也过惯了。只有一件事情她觉得不如意,即是她的丈夫实在太忙了。她想不到一个作家的生活竟如是劳苦。她此刻才发觉,小说家在写作的时候有如一个梦游世外的人,整天和他书中的人物做伴,全不把身旁实在的人放在心上。并因专心写作之故,时常要于无意之中露出自私的脾气。她少女时代是在伦敦和朋友厮混惯的,一朝过着这样寂寞的生活自然要感到痛苦;但她知道为了他们的衣食之计,不得不挨着这种凄清冷寂的岁月,至少在最初几年是无法可想的,因此丈夫整天地关在书房里,她也忍受了。

在他一方面,他只抱憾她的不善治家。爱德华天性善于挥霍,他爱阔阔气气地花钱;到一次伦敦定要买些东西,或是给妻子用的金饰,或是装饰客厅的路易十四式的钟架。但他要人家记账,把他浪费的数目结算得很准确,这样他才快活。可是洛茜娜不能每天分出一小时以上的光阴去料理家务。她讨厌这些事情。疏懒成性的她,欢喜看书,写长信,尤其是和犬玩耍。犬是她最心爱的东西,豢养着不少。他们夫妇之间也只用犬的名字来称呼,他叫"波波",她叫"波特",是一条母狗的名字。

婚后一年,她生了一个女孩,最初想自己抚育;爱德华认为婴儿的声音将妨害他的工作,定要寄养出去。洛茜娜答应了,心里却难过了好久。爱德华说他的工作是神圣不可侵犯的,她想到这层总有多少痛苦之感。她既远离了伦敦的交际界,爱好讽刺的性情失去了目标,便不得不在丈夫身上尽量发泄。一个作家,哦,真是滑稽的家伙。写作时那么痛苦,那么迟缓,对于作品又那么尊重,好似信徒膜拜他手雕的神像那般虔敬,这一切岂不令人发笑?……那本新著的小说《班兰》(*Pelham*)又大获成功,她很欢喜,因为这种成功可使他们的生活更加充裕,但她并不如普通读者般的天真,并不崇拜丈夫的作品;他的为人她认识很清楚,不信《班兰》便是作者的化身。她眼望丈夫完成了作品,如释重负般立刻往伦敦去住上三天二天,或是宴会应酬,或是出入于歌场舞榭;她觉得非常悲伤。他说是为了观察社会起见不得不然,他不能描写他没有见过的人物。洛茜娜喃喃地说:"他是得到我允许的。"但当她独自留在这所大屋子里的时候,周围尽是田野,除了几条狗以外更无别的朋友,她不禁回想当年,一大群青年追随着她,说一句话就会使大家哄笑的盛况。

皮尔卫夫人执拗的态度,更加增了青年夫妇的烦恼。这种顽固的作梗实在难以索解。假使她尽量用延宕的手段来阻挠婚姻的成就倒还说得过去；但已经结了婚而仍不肯罢休，那是什么道理呢？她对儿子的来信也不复了，一个钱也不给，甚至连孙女的诞生都置之不理。《班兰》出版之后，她似乎又回心转意地变得近情了些，显然是因虚荣心满足之故；她自愿给他相当丰厚的津贴，但以永远不见媳妇为条件。爱德华尊严地拒绝了。他说：

"我认为侮辱的是，你不愿见我的妻，不愿踏进我的家……即使我一点也不关切她，对她的侮辱亦无异对我的双重侮辱。夫妇的利害关系是一致的，至于他们的和睦与否又是另一问题……你最先对洛茜娜的坏印象，据你说过有许多理由，但其中不少已经证实是错误的了。你当初以为我结了婚，一年之后将成为世上最不幸的男子，这是你亲口说的话。但这种骇人的预言并未实现。或即使我不幸，亦并非因为洛茜娜的行为或对我的爱情使我不满之故。"

这最后一句使母亲觉察他对于自己的不幸已承认了一半。又是好奇，又是怜悯，她去探望媳妇。结果可大不满意。皮尔卫夫人责备媳妇没有在门口迎接，没有热烈欢迎的表示；对待一个今后将维持他们生活的母亲，这岂是应有的态度？爱德华为妻辩护，说两年以来从未亲近过，她自然不能，一下子抱着舅姑的颈项做出那种可笑的样子。这一次，洛茜娜重复感到她已非列名于当代名姝之列的少女，而变成了一个孤独可怜的妇人，幽闭在乡间，受着舅姑的白眼，丈夫对她也几乎常是不闻不问。

现在爱德华·皮尔卫希望住到伦敦去了。《班兰》一书的成功使他成了时髦作家。他爱应酬，爱交际，怀有政治上的野心。他必得在伦敦漂亮的市区内赁一所宅子。有一位名叫纳许的人，当时专替达官贵人经手租屋的事务，他的主顾至少也是什么王家侍从之类，等闲的人是不在他眼里的，但他因为震于爱德华的文名，居然也肯替他在赫福脱街赁下一所阔气的公馆。皮尔卫把房子修葺一新，特别费了许多心思装成一座邦贝式的餐厅，大受时人称赏。

从此，他们过着豪华的生活。洛茜娜的一个多年的女友，在拜访过他们之后写道："他们待客极其殷勤；陈设的富丽，起居的阔绰，尤其令人神迷目眩。在那里我亦遇见不少才人雅士，都很可爱，但在大体上我不爱那种气派，他们的生活中寻不出一丝一毫的家庭气息。皮尔卫先生老在书室中用早餐，我和洛茜娜则在内客厅里，而且午膳时，除非他自己请客，亦难得在家用饭。"

至于他的客人不消说都是一时之选。有政治家，有文豪，如摩尔（Moore），狄斯拉哀利（Disraéli）①，华盛顿·欧文（Washington Irving）之流，总而言之，凡是当代的知名之士，无不在他家里出入。不久，每逢皮尔卫家有什么宴会，社会上就要宣传一番。爱德华做起主人来是挺有趣的，他颇像在小说中描写的主角"班兰"那样，外表疏懒，内里藏着坚强的力量。虽然他感觉敏锐，常会因了生活上的小事而动怒，但他用餐的时候，

---

① 现译迪利雷利。

老是穿扮得齐齐整整，十分讲究，装出很愉快的神气。

洛茜娜住着这座美轮美奂的宅子，有着这么可爱的伴侣，却并不快活。在她眼里，那些文人都是虚伪傲慢之徒。她讨厌当时流行的语调，尽是纨绔子弟装模作样的夸大的口气。她自幼受着爱尔兰人与法国人的教育，养成一副质朴自然、无拘无束的性情。她绝非没有思想，但她心直口快，想到便说，不愿讲求说话的形式，亦不管说得深刻不深刻。她抱着玩世不恭的态度，从小喜欢顶撞人家，这种脾气，她称之为"爽直"，爱德华称之为"无礼"。当宴会散后，他以家长的身份用着宽容的态度纠正她方才的举止或谈吐时，她大为愤慨。她青年时期一向听惯了恭维赞美的话，即皮尔卫自己，在追求她的时代亦屡次称赞她思想的敏捷与细腻。而此刻他竟想教训她了。她可不愿受他教训，这种迂腐之谈，教她如何忍受得了？她仍如往日一样地谈话。假使言语之间得罪了摩尔或年轻的狄斯拉哀利，那么就算摩尔与狄斯拉哀利倒霉。

他们最显著的龃龉，还有更重要的症结。爱德华即使在与众不同的生活状况中，对于宗族观念依旧十分看重。皮尔卫与李顿二族的人氏，世代受人尊敬，很有地位，故崇拜宗族的心理是古已有之的传统，自然爱德华也不能例外。族中的弟兄们，不论是极远的远房，不论是怎样的可厌或愚蠢，总是和所有的皮尔卫及李顿的族人一样，应当受人包容，受人尊重。洛茜娜却正相反，她自幼见惯互相憎恨的父母，一天到晚地互相攻讦，故她简直不知尊敬为何物。她说过她的父亲很俗气，她说过她的某个叔叔

"人家从没说他如此肮脏，但我一向看见他像一个蒸汽浴室里的火夫一样"。这一类的说话使爱德华听了非常刺耳。但这还不过是说斐娄族的人而已。若攻击皮尔卫-李顿的人时可更要不得了，她学着舅姑与夫兄们的腔调神气，于是爱德华忍不住了："我是很高傲的。凡是和我有关联的人，我都认为我自己的一部分，他们都不应该受我所爱的人的嘲笑与侮辱。"但在她心目中，这种高傲不过是一种可笑的虚荣心理，毫无意义的，故她慢慢地把皮尔卫母子同样当作讥讽的资料了。

她的丈夫逐渐成为职业化的作家，如果不怀好意地加以观察，他确是世界上最可笑的男人；因此，洛茜娜亦更多讥讽他的机会了。他把外界的批评看得极其认真，有一次为了某个杂志上的一篇短文而苦恼了好几天；她把他这种过分夸张的痛苦和她自己的哀伤比较之下，不禁惨然苦笑。他的虚荣心既那样地经不起打击，表面上还要装作若无其事的样子自鸣得意：她想到这些矛盾又禁不住微笑了。在后台的人，决不会尊重在前台扮演君王的角色。他有时很会表现英雄气短儿女情长的情操，如他小说中的主人翁一般，可是洛茜娜只觉得是"文人的矫伪"。她知道他冷酷无情，自私自利，重视虚荣，把名利看得比爱情更加宝贵。

同是那样的事实，同是那样的夫妇生活，做丈夫的看来却全然异样。他常常买东西送给妻子，使她见到一切有意思的人物。他们一年要花到三千金镑，这个巨大的用度自然要设法赚得来的。为了挣钱，他每年必得要写一部长篇，几部短篇，无数的杂志文章。这种一刻不停的创作生活使他容易动怒，非常烦躁。

而这神经衰弱又影响到他的工作，使他文思迟钝；这种互为因果的情形，把疲乏已极的作家磨难得益发烦恼不堪。他上半天的工作一不顺利，即会和妻子大吵一场，他立刻后悔，但已太晚了。"他好似一个被打伤的人，浑身的感觉都特别敏锐。"只要他的妻在家常事务上提出什么问题或打断他的工作时，他便发气。他也在某部小说中写道："可怜的作家，懂得他怜悯他的人实在太少了！他把健康与青春统卖给了一个冷酷无情的主子。而你，你那般盲目的自私的人，还要他和生活健全的人一样的行动自由，一样的嬉笑快乐，一样的中正和平。"

他尤其痛恨他的妻对他的工作不感兴味。他当初以为一个结了婚的文人可有共鸣共感的热情生活。一个作家拿了上半天写就的原稿踱进妻子的房里念给她听，她呢，随时随地怀着鉴赏的心情，立刻变得与她丈夫一样的热烈感奋：这才是爱德华称心乐意的生活。

然而洛茜娜整天地被丈夫丢在一边，哪里还有心绪谈什么高深的问题或讨论什么小说中女主角的心理状态？她只能再三回味她真切的悲哀与创伤，想着舅姑的怪僻或丈夫的虚荣。对于她，人生真是一场空梦。她此刻有了两个孩子，但她一点也不关心，爱德华把他们逐出家庭寄养在外边的习惯，使她再没照顾儿女的心思。此外，她只有几条狗。至少这几条狗还爱她，她一进门它们便快活得狂吠一阵，陪着她始终没有厌倦的样子。她到处带着它们，替它们印着拜客的名片，常和自己的片子一块儿投在朋友家里。"轻佻的儿戏亦是一种强烈的心境的表现"，她的溺爱狗正表现出她做人的悲苦。

有些时候，她想起往日的柔情，还能勉强在生客前面用和善的敬佩的口气讲起爱德华。一八三一年，他当了国会议员，那时她写道："可怜的爱人，他现在似乎很快活，但我替他担忧着第一次的出席。你们都已知道，他不能遇事镇静，凡是一件别人认为成功的事，在他心中，只要是涉及他自己的时，总当作失败。他对于自己的作为，没有一桩是满意的。"

她居然和舅姑通起信来，措辞也相当恳挚，所谈的无非是关于爱德华的事情。"夫人，想起可怜的爱德华吐血吐得这么长久，真是伤心。但他这种奴隶般的苦役与发狂般的生活一日不止便一日无痊愈之望。他担负的工作分量，实实在在（一点也不虚说）是用三个人的精力与时间也对付不了。在夜半二三点钟以前，我难得有五分钟见到他的面，他的忙碌可想而知；但若我劝他少做些工、多休养身体的话，他立刻暴跳如雷，而这种盛怒更加重了他的吐血症。因此只能暗中愁叹，忍受一切，不作一声……母狗法丽躺在我的床上；每逢我咳嗽时，可怜的小畜竟眼泪汪汪地呻吟不已。唉，还有什么爱可和这条狗的爱相比呢？"

假使皮尔卫对她仍是忠实的话，她倒还可了解他是因必不得已的工作而冷淡了她，但他并非只是埋头工作而已。他有一种奇怪的习惯，在近郊看见什么合意的房子便租下或买下。他可以在那些屋里一住几星期，说是"幽居冥想"，但洛茜娜颇有理由相信那些别庄是分给好几个情妇住的。有人见过女人的裙角在那边出入，朋友们报告她这种消息。这样之后，她的丈夫尽管对她说，他是政治家兼作家，他的责任与工作应当激起高尚的情操；这些好听的训话，在她耳中觉得既不真诚，又无意味，她回答他时只叫他回想一下他从前许下的愿，说他一生是完全献给她的，还有那些初恋时的情话，在爱情满足之后很快便已忘掉了的。这类怨叹自然毫无用处，不过使已经倦于婚姻的丈夫更加愤怒更想躲避罢了。

一八三三年（皮尔卫三十岁），他们中间的局势愈益险恶了，他在议会与著作的双重的重负之下觉得家庭无异于地狱。于是夫妇俩都同意到瑞士与意大利去走一遭。也许离开了伦敦，离开了挑拨双方仳离的朋友，在数星期中暂时摆脱了苦役，只有两个人在一起的时候，或者能回复以前初恋时的情景。那时候，皮尔卫每天骑着马，走着三里多路去和洛茜娜交谈几句，而洛茜娜亦不是让这个聪明貌美、众友艳羡的骑士自鸣得意的么？

爱德华·皮尔卫夫人很高兴动身到大陆去；她想把丈夫的心重新赢回来。当然她不如从前那样地敬佩他了，但也并不爱什么别的男子，还希望回复夫妇之情。她离开伦敦时唯一的悲哀，便是不得不把小母狗法丽留下，"它此刻更加可爱了"。至于两个孩子，她已付托给一个老友，只嘱咐她遇到他们表示自私的时候加以痛责。她怕他们受着父亲的遗传性。

旅行的结果却大不吉利。说是只有两个人在一起时会回复爱情原是错误的念头，凡是一对夫妇的情操，不复热烈到把什么事情都渲染得光明灿烂的辰光，宁可过着忙乱一些的生活。这样，两人虽然疏远，究竟还是日常生活的伴侣，至少有时还能感到群居的乐趣与微温的幸福，这种情形虽然难免风波，但还相当快乐，在真正的幸福破灭之后尚可敷衍一时。说是回光返照式的幸福吧，也可以，可究竟还有多少光彩。但两个人一朝离开了社会，便要相对索然了，何况旅行中另有一番麻烦，意大利风光所引起的反应又大相径庭，于是爱德华与洛茜娜发觉两人的趣味不复相同，细小的事情都会引起激烈的情绪，而且最危险的是，两人在一处时觉得十二分的不耐烦。不过，"波波"在烦闷时还可借对艺术对历史的研究来消遣，至于"波特"只好独个子在旅舍中咒骂人生了。

"在这个地方的旅行，"她写道，"有三种主要的特点：瘟疫，病毒，饥馑。瘟疫是蚊虫，病毒是臭气，饥馑是饮食。虽然如此，那个在家百不如意的'波波'在此恶浊的环境中倒有法子繁荣，他一天一天地发胖了。正如我的女侍所云：'皮尔卫先生由于事事和人相反的精神，在这些不舒服的床上和不堪下咽的三餐中间，颇有乐此不疲之概。'至于我，在这尽喝着柠檬水和到处使我怨恨的生活中却瘦了许多。那般诗人赞美这个国土的话全是撒谎，真该下割舌地狱！"

佛尼市是蚊虫世界。法兰尔是蚊虫世界。洛茜娜全个面庞都肿起来，但当她还在用着早餐的时候，"波波"已经参观泰市的古牢去了。将到翡冷翠[①]的时候，郊外满着扁柏，银色的橄榄树，青葱的榴树，她一时倒觉得秀丽可爱，但"英国无论哪个温泉城

---

① 现译佛罗伦萨。

都要比它美丽二十倍……我们的窗子临着亚尔诺河。名字倒很动听，但实际只是一条肮脏不堪的小河，又狭又难看，全是泥鳅，中间满着丑陋的小船，住着恶俗不堪的粗汉，一天到晚在泥浆里乱搅。哼！威斯敏斯桥下的泰晤士河，其壮丽明媚，何止百倍于此！"

在意大利所有的奇迹中，洛茜娜觉得唯有某驿夫豢养的一条小犬倒还可爱，它可以在马背上立到一站路的辰光，而且很平稳。"但请告诉我亲爱的法丽，说我对于这些狗从未拥抱一下，抚摩一下……并且我已直接写信给法丽了。"

在罗马，皮尔卫要为他筹思已久的一部小说搜集材料，他要描写李昂齐（Riensi）在十四世纪时的暴动，即欲推翻贵族专政，重建罗马共和国的那次革命事件。他把他的已经万分厌倦的妻奔东奔西地带去看纪念建筑。"我对于这座城市的失望简直难以形容。这的确是我见到的最脏最野蛮最可厌的城……罗马郊外和罗马城内一样的丑，即使亚尔拜诺（Albano），弗拉斯格蒂（Frascati），蒂伏利（Tivoli）那些名胜亦不能例外。但陶米蒂安宫（Domitien）与西皮尔（Sibylle）庙堂确是真正美丽的古迹。"

随后到了拿波利，情调突然改变了，意大利好似变得可爱起来。事情是这样的。皮尔卫在剑桥大学念书的时代，对于古代史颇有研究，蓄意想写一部描绘古代生活的小说。他在米兰勃莱拉博物馆中看到一幅题作《邦贝依之末日》的画，大为叹赏。他觉得画面上的情景非常动人；那是公元前一世纪时弗苏维

（Vésuve）①火山爆发，把邦贝依（Pompéi）②全城湮埋地下的故事。爱德华预备把这件惨祸加上多少传奇式的穿插而写成一部小说。他一到拿波利便去参观邦贝依城的发掘工作，觉得这些将近二千年前的生活与吾人今日的生活还很相近，不禁引起了许多感慨，他立刻动手工作了。

皮尔卫工作时的情景，可怜的洛茜娜知道得太详细了。他决定着手这部小说之后，即自朝至暮地浏览关于邦贝依城的书籍；他不愿人家和他谈话；有人闯进他的房里他便唉声叹气。洛茜娜整天地被丢在旅店客厅里，与她住在伦敦或乡下时的情形一般无二。"波波"自私自利的脾气真是无可救药。

在拿波利某次应酬中，洛茜娜遇见一个当地的亲王对她殷勤献媚，他觉得她光彩照人，赞美她爱尔兰种的眼睛，赞美她的肌肤，赞美她的思想，说了一套爱德华七年前恭维她的话。她很高兴听他这些谀辞。可见她还年轻，还能颠倒男子。居然还有人愉快地同她在落英缤纷的橄榄树林中散步，而在看到她时也再没心思云关在房里往故纸堆中讨生活。

当爱德华专心一意要把邦贝依城重建起来的时候，她便和亲王出去游览，她立刻觉得拿波利美妙非凡。地方的景色原随着我们心情而变的。罗马、翡冷翠之可厌，是因为丈夫的缘故；拿波利却不然，那是"意大利唯一不使我们失望的城"。拿波利的旅

---

① 现译维苏威。
② 现译庞贝。

馆真舒服，蚊虫也没有了，吃饭也不挨饿了；拿波利的海湾真幽美，拿波利的阳光真明媚。亲王口中尽是一派称赞颂扬的话；和她丈夫几年来老是咕噜咕噜批评她性情脾气的那一套简直不能相比！

实在她应该想到，假若亲王和她同居了六年的话，他也会如"波波"一样的严厉。须知做丈夫的观点，和一个偶然相逢的崇拜者的观点必然不同；前者是更苛求，希望在妻子身上看到更稳实的优点，因为情欲已衰，头脑冷静，说话也更真诚；其实，他的女人既不像崇拜者所说的那么了不起，也不像丈夫所说的那么要不得；她的真面目却在两极之间。但她更爱享受这种使她觉得再生的幸福，且拿波利亲王对她的奉承，使她更有理由贬责丈夫。

几天之中，爱德华·皮尔卫对于眼前经过的事情一点也没有留心。他生活在基督降生前七十九年时代①，而且几年以来，他已不顾问他的妻，从不理会她的行动。但一发现她有这种柏拉图式的恋爱时，他立刻大为震怒。他问洛茜娜爱不爱这个男人。她答说爱的，说她所有对于丈夫的爱已经死灭，她认为他只是一个无信义、无心肝、无道德的人，骄傲专横，麻木不仁。爱德华妒火中烧，一面觉得痛苦，一面又极激动，甚至比恋爱时的情绪更强烈。《邦贝依之末日》顿时置诸脑后了，他只想使洛茜娜赶快离开拿波利，二十四小时内便首途往伦敦进发，他并说要把她关在

---

① 即邦贝依城湮没之年。

乡下，不再与她同住。

归途中尽是吵闹不休。爱德华责备洛茜娜对他不贞，却忘记了自己对她的不忠实更来得严重。他把她丢在一边直有六星期之久，一朝从邦贝依古城中探起头来发现他的妻不曾好好地纺织而勃然大怒：这等情景使洛茜娜觉得又好气又好笑。到了伦敦，她在女友家里住了一晌。女友想替他们讲和，但两人的谈判失败了。爱德华一定要洛茜娜说她爱他，说她从未爱过那个亲王。洛茜娜一定不肯说。谈话之间把拿波利的故事一件一件地搬出来，临了他们决定最好还是暂行分居。

离别可使爱情有破镜重圆的希望。"最早的情操消失得最慢。"最近的恶劣的印象如薄雾般慢慢飘散开去，大家回想到在兰勃夫人家园中的初吻，便互相通信表示好意。"我想，"爱德华在信中写道，"我们俩都放弃了我们分内的幸福。当然我忒嫌苛求了些，我非常强烈地感到的事情，在你简直无法了解。我所要求的一种同情与善意，照它的性质看来，或许正是无论何人也不能期诸他人的。在你方面，你拒绝了我对你的爱情与温存，我虽然从未因此而消灭对你的爱，你可始终不睬；你把我批判得不留余地，说我有如何卑鄙的动机，如何势利的观念，似乎定要把我造成你理想中的我的样子。啊！请你对我慈悲些吧，公正些吧；我们应该互相尊重，因为一个人受着好意的批评时定会努力向上，勉副期望。亲爱的洛士，请相信我，我真正地爱你，深深地爱你，但多少烦恼的人事弄得我筋疲力尽，身体衰弱，使我常常心头火起，有时竟是一种病态了，故你一句不大客气的说话，不大婉转的声音,冷酷淡漠的神情,都使我轻易不肯忘记。"

这次的裂痕,在他们初婚时期原曾经过母亲的挑拨,但此刻母亲也大为惊骇,劝他们各趋和缓,言归旧好:"如果你肯听从我,那么你当尽力使她疼爱孩子,因为唯有母子的爱才能够增进夫妇的爱……一切都应安排得像重新结过的婚一样。既往不咎,方能长保未来的安乐。"

爱德华受过了母亲的劝告,心里害怕真正要决裂,加以在分居时容易忘掉对方的缺点。故他有时认为和解是可能的了。"假使你能开诚布公地告诉我:'我对你又回复了往昔的爱情;我对你的批判亦仍与以往无异,我准备如以前那样地和你一起度日,取着宽宏大量、遇事包容的态度,做你的朋友,做你的依靠。'那么,我将欢欢喜喜地,抱着感恩的心肠,把最近的事故置之脑后。"

在两个失和的爱人的通信中,两条可怜的狗也牵入了,例如她的信中说:"波特向波波贺年。"他的信中亦写道:"可怜的波特,此刻两条狗亦病了,而病狗往往是狰狞可怖的……因此你得快快复原,使我们不再互相恼怒……我再说一遍吧,亲爱的波特,你应安心静养,锻炼你的身体,澄清你的思想。"

皮尔卫下乡去探视他的妻。她知道他快来时,八天以前已经在谈起了。预备些小玩意儿,想教他乐一下子,那时她完全如一个温良的贤妻等待着久别重逢的丈夫一样快活。《邦贝依之末日》已经出版,大受欢迎,洛茜娜对之亦颇表好感,她说:"这本书使我着了魔,兴味浓厚,令人爱不释卷。作者的天才,在此比在别的小说中表现得更美满了。"以这种辞令去应对作家,确是最恰当不过了。但他一到,什么都弄糟了。坐下不满五分钟,她就说了许多不堪入耳的话。他先是勉强忍着,继而亦不免报以恶声。她知道他在伦敦和另一个女人住在一块,对他大发醋劲。他呢,盛怒之下亦搬出拿波利的故事以相抵制,趁着意气蛮干了一场,也顾不到什么体统不体统了。每次的会面,每次这样地收场,而每次要几星期的时间去挽回每次留下的裂痕。原来他们的龃龉另有深切的原因,故他们的媾和即使成立了也无法持久。

实际是,再来一次恋爱的事已很困难。必要两人见面时永远觉得快乐,方为真正的爱情;但若对方的印象牵带着什么难堪的往事时,相见之下便不免想起那些往事,悲愤交集,哪里还会快乐?在喜剧中,两个爱人在第三第四幕吵闹之后可在第五幕上突然讲和,使观客离开戏院时以为他们从此琴瑟和谐白头偕老。人生可不是这么一回事。人生舞台上的演员是有记性的;在演第四幕时,第三幕还盘旋心头,且以后还有第五幕,还有第六幕,还有……直到死了才算忘掉。

爱德华既是小说家,应当懂得这种心理,应当由他说明一切,或帮助对方解决这个僵局,然而他不大明白。他倒希望洛茜娜对他表示宽容与忍耐。"亲爱的洛士,我的天性与体质都比你更易恼怒;故解决现局的任务于你较易担承;人生的经验能否帮助我们转圜,亦系于你一人身上。在这等情景中,关键总握在女人手里:'一句温柔的答话可以平息男子的怒气……'如果你知道,我的洛茜娜,你曾使我宽宏的感情受到何等的打击,使我何等的沮丧，那你亦将忏悔你以前的过失了……哀琪荷斯（Maria Edgeworth 1737—1849）①女士曾言，一个爱丈夫的妻子，对于丈夫的作业始终感到兴趣，即使拔萝卜那样猥琐的工作也不能例外。但若丈夫所干的是最光荣的事业，那么她的兴趣更应如何浓厚！……不论在政界上文坛上，我是一代的超群拔萃之士，只要我活着，我的生涯将使一切与我无干的人表示关心；难道我的妻倒要对我的事业打呵欠，对我的行为百般讥讽么？"

后面并列举着各种劝告，第一条怎样，第二第三条又怎样，第四条尤其重要，那是："不要侮辱我的亲长！"在外人看来，这些都很冠冕堂皇，颇为得体。但洛茜娜只觉此种保护人的口吻难于忍受。她知道他写这封信时一定自以为慈祥温厚，宽大为怀，柔肠侠骨，更有古骑士风。他的用意是要辩解自己的过失，但他的辩解自己的过失，就是数说妻子的过失。皮尔卫母子都有这种脾气，使洛茜娜老是愤恨不已。他们自以为是超人的种族。爱德华写起信来总想象自己具备一切条件，可做一个聪明的、善良的、有悟性的人。他是小说家，很会塑造这等英雄，把他描写得亲切可人，临了他说这个英雄便是他自己。然而洛茜娜已有长久的经验，明白这些无非纸上空谈而已。

最好还是承认事实。这对夫妇必得分离的了。当时的英国法律是没有离婚的。皮尔卫首先想到分居。他有许多理由希望马上实行。他写了一封坚决的尊严的信把这个意思告诉她："我已

---

① 英国女小说家兼童话作家。

下了确切的决心。我们应当分居。从此你不必再说我把你关在'乡下的牢狱里'。你欢喜住哪里便住哪里。我不糟蹋你的幸福亦不拘束你的自由。我只求你不要牺牲了我的。你对我已毫无爱情，我对你所能有的爱情亦被你斩断了根苗。"后面是分配银钱的办法，也很合适。他每年给她四百镑赡养费，外加一百镑的儿童教养费。这样之后，洛茜娜在日记中写道："皮尔卫先生的信中，充满着病态的感觉。他把我正式离弃了。好吧！我为此怨愤也太傻了！……他们胆敢自命全知，自命有德，随时都可以诬蔑我。"

她住在乡下，孤苦零丁，万分绝望。她拼命喝酒，想借此忘怀一切。这时候，"波波"那位道学先生在巴黎过着奢华的生活，可也不免困于内疚，觉得不大快活。为何要有内疚呢？因为，上帝鉴临他，他实在没有损害她的心思。为两人的幸福起见，与其住在一处常常拌嘴，毋宁分居为妙。然而七年以前，她还是一个幸福的少女，多少男子曾经受她美貌的摄引。他却把她丢在一边，使她孤独，贫困，万念俱灰。

她开始写日记："我一向注意到，孤独的狱囚在记着日记的时候觉得有所寄托，一般疯子的自言自语，大概亦是为此。他们再没别人可以说话……唉，我以前所过的是怎样的生活啊！童年，没有光彩；青年，没有花朵；成年，没有果实。我所有的几项优点完全被糟蹋了，甚至被人轻蔑……我亦自恨对于那么不值得的男子枉用爱情……如果我的心不是如此悲苦，听着爱德华的诉苦倒是一件好玩的事；他在家住不满两天，但他宛似个极爱家

庭的可怜虫，怨叹家里的偶像被打倒了，怨叹家事荒废了，只因他的妻不能以顶了他的姓氏就算幸福，不能常常过着孤独的生活即感满足，亦受不了他的丈夫如船长那样，隔了许多日子才回家一趟，领着他的同伴来大吃大喝几天……"

"十天以来第一次出门，告诉园丁怎样把盆花排成花坛……拥抱了一会我的裴特斯克，它舐我的手，把它的头在我身上厮磨，好像比我世上任何亲族都更乐意见我……回到室内，拿起了六弦琴弹唱了一小时；——炉火中突然吐出一道闪光，照耀出拿波利城的印象——我丢下琴；重新看到我在 Strada Nuova。驱车疾驰，那么可爱，那么狂热，那么快乐，海湾上阵阵的微风，挟着佛苏维火山的暖气，吹拂着我的脸颊……啊，拿波利，亲爱的拿波利！唯有在你这个地方我觉得自己还年轻。——可是结果呢？难道我闹了别的笑话么？不，——但不闹笑话的人亦未必如他自以为的那般明哲保身。"

不，不闹笑话的人亦未必如他自以为的那般明哲保身。除了这次拿波利的奇缘（而且还是无邪的）外，她没有闹过别的笑话，但她已受到何等残酷的报应！她在潮湿的乡间病了，她咳嗽；她觉得突然衰老了。身体的衰弱不免使她想重新抓取多少爱情，即使极微薄的情分亦好；世界上既然只有丈夫一人，她便给他写着凄婉动人的信："我求你宽恕这条可怜的老犬，它既老且病，快要死了，我求你再试一次……你现在宽恕它可决无危险，这场残酷的病已使它爪牙脱落，衰弱病惫，不能为害的了。你记得那个寓言么：一个人因为他的狗犯了重大的过失要打死它，但他停住了想道：不，当时你曾是一条好狗，我看在这一点上饶恕了你这次吧。"

信末，她又要求万一她死了之后，请他好好照顾她亲爱的小母狗法丽，它死后亦请将它的骨殖葬在她的墓旁。"上帝降福于你，波波，这是可怜的老母狗所祝祷的。"

几天之后，分居协议书签了字。

皮尔卫以为这样办妥之后，事情可以完了。实际可并不如此。洛茜娜过不了孤独的生活，不能静静地忘怀一切。她没有朋友；她的性格很强，爱说坏话，又不能谨慎将事，管理家务；她浪费金钱，负了不少债。她无钱的时候便向丈夫要，先还客客气气的，到后竟强赖硬占地威逼了。为增多收入起见，她学着写小说。但除了描写负心的男子蒙着高尚的假面具而实际是一个虚伪残酷的人之外，还能写些什么呢？她和丈夫的关系日渐恶劣。她有过几个外遇，都是短时间的，结果亦很不好。过后她又孤独了，酒也愈喝愈多，想要忘记，但她永远认定丈夫虐待她。一切探望她的人，她都当作爱德华的间谍。她把他们视为万恶的坏蛋。写给丈夫的信，或是寄到国会去，或是寄到俱乐部去，信面上写满着他的罪状。

他已成为鼎鼎大名的作家、重要的政治家；他被封为王家侍从男爵（他的妻，虽然分居着，亦因此升为李顿爵士夫人）；但他一生都受着怀恨的妻子的威胁，他觉得随时可以受到最难堪的攻击。一八五一年，特洪夏公爵家里正在表演他的剧本，王后也亲临观剧，洛茜娜写信给公爵说，她将乔装卖橘妇混入剧场，把

臭蛋投掷王后。爱德华吓得不敢在人前露面了，怕她要闹出什么乱子来。她拿他所给的赡养费买通几家无聊的小报谤毁他。他觉得这未免太冤了，他把李顿夫人分居以后的行为作了一个报告，送给神经病专科医生；他筹思如何才能止住她的愤怒，使她安静下来。他在所有的作品中谈起婚姻都取着严酷的态度，他写道："要两个人在恋爱的时候快快活活一同就死是容易的，但要结为夫妇以后快快活活地过活便难之又难了。"此外他又言："我恐大多数的婚姻是不幸的。"

可是荣名与他的年岁俱长。少年时代的朋友狄斯拉哀利，成了大政治家，一八五八年，把皮尔卫任为殖民大臣。这样爱德华必须亲自到选区里去运动连选。李顿夫人得悉之下，亦偷偷地去了。当爱德华爵士站上讲坛时，她嚷着向前："让一让大臣的夫人！"挤到第一行，她又喊道："任命这样的人当殖民大臣真是英国之羞！"爱德华爵士不愿回答她，离开了讲坛。于是李顿夫人上台去说了好久，满场的人都笑开了："英国的人民怎么能容纳这种家伙去主持殖民部？他杀死了我的孩子，还想谋害我！我身上的衣服都是慷慨的朋友们赠予的……"

这件事故之后，他决意把她幽禁了。一个神经病专科医生把她请去，随后把她送入一所疗养院。她尽力抗争；但法律的规定必须遵守，她应当服从。虽然人家待她很温和，她仍大声怨叹。这件故事传扬开去，成了一时的话柄。大家慢慢地矜怜她，替她抱怨；几个报纸主张彻查这件滥用威权擅禁大臣夫人的案子。爱德华的同僚亦劝他想法补救这场鲁莽的行动。当他正在无法可施的时光，他的儿子出来解了他的危，怀着极大的孝心领着母亲住到法国去，努力安慰她，若干时期以后居然把她镇静了下来。

  李顿夫人回到伦敦度了残年，一直活到八十岁。她和几个少数的邻人老是讲她丈夫的罪恶史，又加上把她幽禁的一桩新罪状。她把他早期的信札念给人家听。下面那封初恋时代的信是大家一直记得的："恨你？洛茜娜！此刻我眼中噙着泪，听到我的心在跳。我停笔，我亲吻留有你手泽的信纸。这样热烈的爱能变成憎恨么？你所说的美满的前程，如果没有你的爱情为之增色，亦只是毫无乐趣的生涯而已……你的宽宏直感动了我的心魂，请相信我，在无论何种的人生场合，也不论你我通讯的结果若何，我将永为你最忠实的朋友。"